やさしくわかる!

系のための
大の先生が教える

減量の科学

監修
佐々木一茂
東京大学大学院准教授

はじめに

減量は，文字通り「体重を減らすこと」を意味します。その基本は単純で，食事量を減らし，運動をすれば，一時的には誰でも体重を減らすことができるというものです。しかし一旦食事制限のつらさや運動の苦しさを味わうと，もっと楽な方法はないかと，ときに基本から明らかに外れた減量法（らしきもの）に手を出してしまうこともあるでしょう。こうした方法は長期的には効果がないどころか，健康を損なうような結果をもたらしかねません。**効果がない，あるいは長続きしない方法に手を出すという失敗のほとんどは，生理学や栄養学の知識があれば避けられるものです。**

皆さんにとって，減量は現時点で必要のないことかもしれません。また，太っていても健康上の問題がない人もいます。しかし，肥満やそれに伴う病気（生活習慣病）に悩まされる人の数が，若年期から中高年期にかけて増えることは疫学的に明らかです。**減量について知ることは，将来的な体重増加や生活習慣病の発症を防ぐことにも役立ちます。**さらに言えば，痩せすぎで体重をあえて増やしたいという人にとっても，本書は有益だと思います。なぜなら，増量は減量の裏返しでもありますし，健康づくりという観点では両者に共通の注意事項も多いからです。

本書は，減量という具体的なテーマを通して，さまざまな科学的知識を身につけられるように工夫されています。読むだけで体重が減るわけではありませんが，つらくて苦しい減量というイメージが緩和され，皆さんの心が軽くなることを期待しています。

監修
東京大学大学院総合文化研究科准教授
佐々木一茂

目次

1 時間目 肥満と減量を科学的に理解しよう

STEP 1

太るとはどういうことか

STEP 2

減量効果を科学的に考える

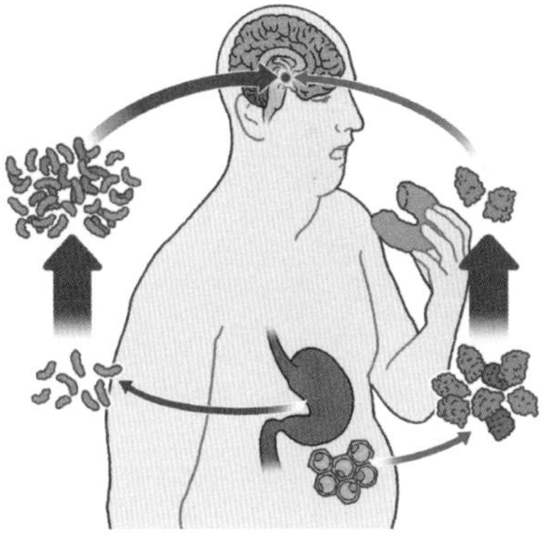

2 時間目 やせるために知っておきたい代謝のしくみ

STEP 1

代謝って何？

STEP 2

代謝のしくみ

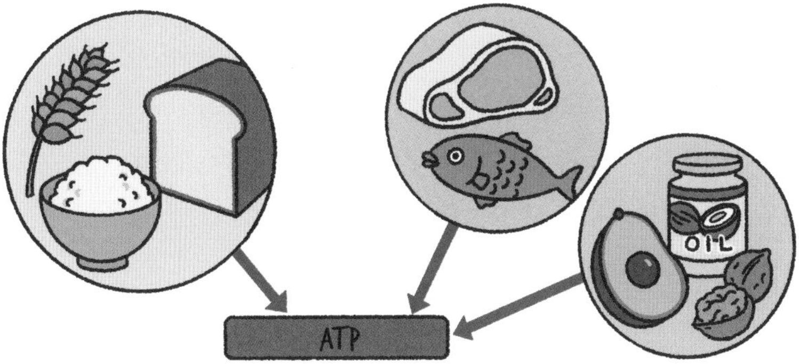

3時間目 やせるために知っておきたい脳のクセ

STEP 1

食べすぎるのは“脳”のせい!?

4時間目 健康的にやせるための食事と運動

STEP 1

健康的にやせるための食事の秘訣

STEP 2

運動の効果を知って効率よくやせよう

0kcal
470kcal
zero
3.8 km
246 kcal
8kcal

MILK

とうじょうじんぶつ

佐々木一茂先生

東京大学で運動生理学を
教えている先生

理系アレルギーの
文系サラリーマン（27歳）

1

時間目

肥満と減量を科学的に理解しよう

STEP 1

太るとはどういうことか

私たちはなぜ太るのでしょうか？　まずは「太る」ことのメカニズムや，肥満を客観的に把握する指標など，基本的なことをおさえていきましょう。

「太る」とはどういう現象なのか

先生，この前，体重を量ったら思っていたよりも増えていてびっくりしちゃいました。お腹もぽっこり出てきたみたいだし……。

そうですか。
過度な肥満は，糖尿病やがん，心臓病などさまざまな病気の引き金になりますから，これからは少し気をつけたほうがよいかもしれませんね。

えっ，糖尿病にがんだなんて，おそろしい！
そもそもなぜ私たちは油断すると太ってしまうんでしょうか？　このお腹の中には何が詰まっているんですか？

ぽっこりと出たそのお腹には，**脂肪**がつまっています。

し，脂肪が!?
なぜそんな余計なものがお腹にたまるんですか？

私たちが太るのは，食べ物が少ない中でも生き抜くために，**人類が進化の中で獲得したしくみ**のせいだといえるでしょう。

どういうことですか？

大昔に人類が狩猟や採集によって食糧を得ていた時代，食糧を確保するのは簡単なことではありませんでした。場合によっては何日か食事をとれないこともあったでしょう。
そういう厳しい状況を生き抜くために，人類は，食事から得たエネルギーのうち，余った分を**中性脂肪**として体内にたくわえておき，十分な食糧が確保できないときに利用するメカニズムを発達させたのです。

食べ物が手に入らないときの“**非常食**”をたくわえるしくみが，私たちの体にはそなわっているわけですね。

そのとおりです。
これは，人類にかぎった話ではなく，多くの動物に似たようなしくみがそなわっています。
このような余ったエネルギーを体にたくわえておくしくみは，人類の生存に大いに役立ったはずです。
ところが，このしくみが，現代社会では**肥満**を招く原因となっているのです！

なぜですか？

現代では，狩猟・採集時代にくらべると，食料を容易に手に入れることができます。そのため，食事の量が多くなりすぎてしまい，余ったエネルギーが中性脂肪としてどんどん蓄積され，肥満となってしまうのです。
実際に先進国を中心に肥満が蔓延しています。

なるほど。
人類が長い時間をかけて発達させてきたしくみが，現代では，肥満の要因となっているんですね……。
先生，これから減量にはげむようにします！
今晩から断食です！

いやいや，無理な減量は体をこわしてしまいますよ。
それに単に食べることを我慢しただけでは，**リバウンド**しやすい体になってしまう可能性もあります。

えーっ，じゃあどうすればいいんでしょうか？

健康的にやせるためには，やはり科学的な知識にもとづいて減量に取り組むのがよいでしょう。

無理なく健康的に脂肪を減らしたいです！
先生，減量についてくわしく教えてください。

わかりました。
では，これから私たちの体のしくみにもとづいて，減量について考えていきましょう。

ポイント！

太るとは？

体の必要量を上回るエネルギーを食事から摂取すると，使い切れなかったエネルギーは中性脂肪の形で体に貯蔵される。中性脂肪が体に蓄積された結果，体重が増えることを「太る」という。

1日の消費エネルギーはどのくらい?

私たちは食事から摂取したエネルギーを消費して，生命活動をいとなんでいます。
摂取エネルギーが消費エネルギーを上回ると，余ったエネルギーが脂肪としてたくわえられるわけですね。
つまり，摂取エネルギーと消費エネルギーのバランスが崩れることで，私たちは太ってしまうのです。

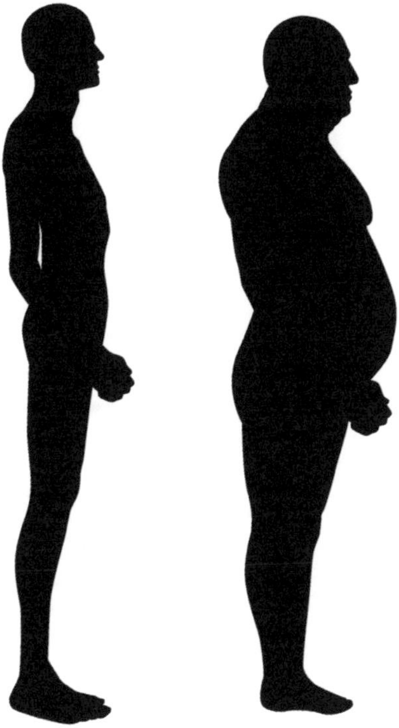

なるほど。
どうしてエネルギーのバランスが崩れちゃうんですかね？

それには大きく三つの理由があります。
一つ目は**過食（食べすぎ）**です。消費しているエネルギー以上の栄養素をとれば，そのほとんどは中性脂肪としてたくわえられることになります。

あちゃ〜！　やっぱり食べすぎが原因か……。

二つ目は消費エネルギーが減ってしまうこと。
つまり**運動不足**です。

運動しないと，エネルギーがたくさん消費されないですもんね。

はい，そのとおりです。
また，運動不足によって，筋肉量が減ることも消費エネルギーが減少する原因になりえます。

筋肉量？

はい。私たちはじっとしているときでも，心臓を動かしたり，呼吸をしたりするために，常にエネルギーを消費しています。このように生命維持に最低限必要なエネルギーを**基礎代謝量**といいます。
筋肉は動いていないときでも，1日1キログラムにつき約13キロカロリーのエネルギーを消費していて，これも基礎代謝量に含まれます。
ですから，筋肉量が減ると，基礎代謝量が減ってしまうのです。

ちなみに，私たちの体に筋肉ってどれくらいあるんですか？

男性なら体重の**40％**前後，女性なら体重の**35％**前後です。たとえば体重65キログラムで標準的な体格の男性なら，筋肉は26キログラムになりますね。
この筋肉量であれば，じっとしていても1日あたり約338（13×26）キロカロリーが筋肉で消費される計算になります。
ちなみに，**カロリー**とはエネルギーの量の単位です。
たとえば，おにぎり1個（白米100グラム）には**154キロカロリー**のエネルギーが含まれます。

へー，じっとしていても，筋肉は1日で，おにぎり2個分以上のエネルギーを消費しているんですね。

実は，脂肪細胞が集まってできる**脂肪組織**も常にエネルギーを消費しています。しかし，その量は1日**1キログラム**につき，**約4.5キロカロリー**ほどしかありません。

筋肉の3分の1くらいの消費量なんですね。

はい。つまり同じ重さで比較した場合でも，**筋肉**のほうが圧倒的に**基礎代謝量への貢献が大きい**のです。

筋肉は大事ってことですね。

基礎代謝量への貢献度

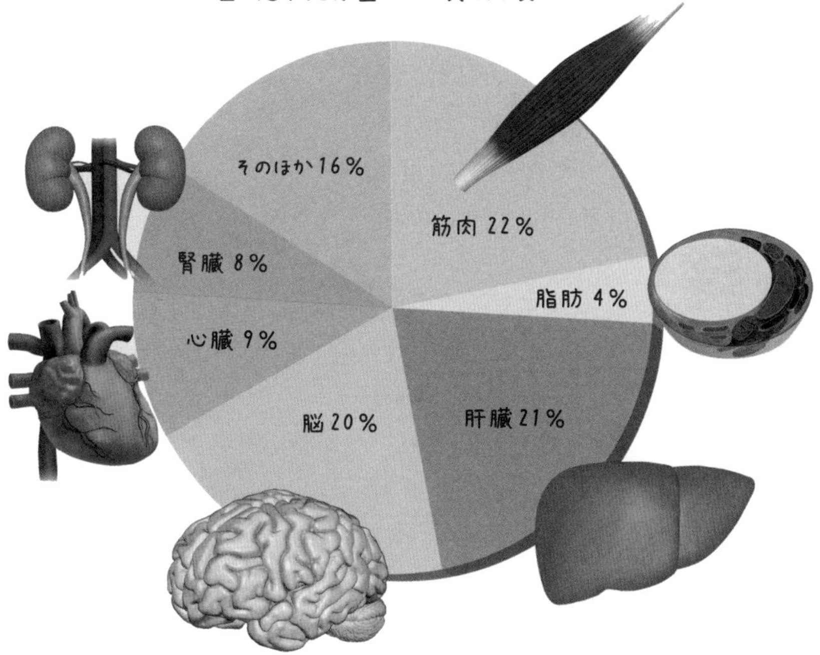

さて，エネルギーのバランスが崩れる三つ目の理由は**加齢**です。**人は加齢とともに，基礎代謝量が少しずつ減っていくんです。**

えー，いったいなぜですか？

理由の一つは，加齢にともない，筋肉量が減っていくためです。

たとえば，加齢により筋肉が一番落ちやすいといわれている**太もも前側の筋肉（大腿四頭筋）**の場合，30歳以降では，何もしなければ1年につき**約1％ずつ減っていく**といわれています。

筋肉量の20歳からの変化率

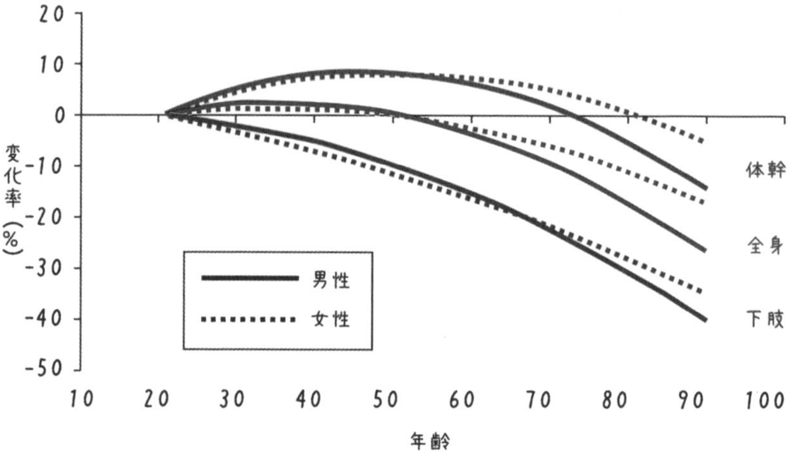

参考文献：谷本芳美ら，「日本人筋肉量の加齢による特徴」，日本老年医学会雑誌2010年47巻1号p.52-57

特に何もしなくても，ですか？

はい。**仮に30歳から80歳までの大腿四頭筋の筋肉量の変化を考えてみると，筋肉量は50年後にほぼ半分になっていることになります。**

は，半分!? そんなに減るとは……。
確かに高齢者は体が小さく見えますが，筋肉量が若いころより減るのも原因なんですかね。

そうですね。**より正確には，70歳以降は，筋肉量の減少が加速するような傾向も見えています。**

加齢によって急激に筋肉量が減る理由はさまざまなのですが，そのうちの一つとして，運動量が減るということも当然含まれているはずです。

そうなんだ……。筋肉量が減ると，動くのが大変になるからさらに太りやすくなっちゃうでしょう。

そのとおりです。加齢とともに全身の筋肉量が少しずつ減ることをきっかけに，摂取エネルギーと消費エネルギーのバランスが崩れて，太りやすくなるのです。

ポイント！

なぜ太るのか？

摂取エネルギーと消費エネルギーのバランスが崩れるため。摂取エネルギーが多くなる「過食」，消費エネルギーが少なくなる「運動不足」，筋肉量が減る「加齢」が主な原因。

太っているかどうかは，BMI値でわかる

私は体重を量ることで太った！　とかやせた！　とか一喜一憂しているんですが，体重がどれくらいだと肥満になるんでしょうか？

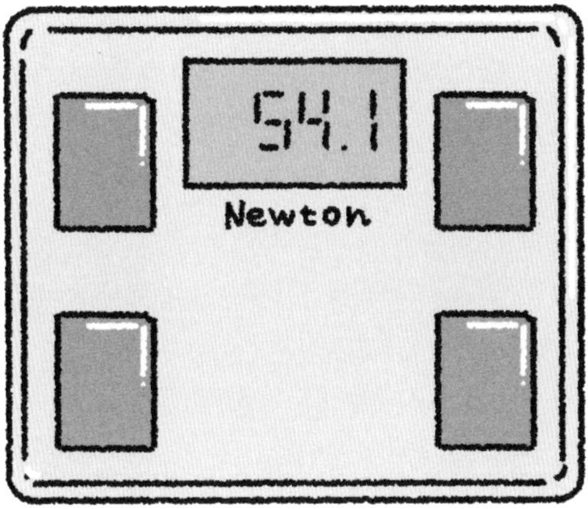

体重だけで肥満かどうかを判断するのは，ちょっと乱暴ですね。なぜなら，おのおのの身長や筋肉量のちがいが考慮されていないからです。

なるほど。確かに身長がちがうのに，体重だけを比べても意味がないですね。それに体重があっても，脂肪量が少なければ，肥満とはいえないですしね。
でも，体重で判断できないなら，自分が肥満かどうか知るにはどうすればいいんでしょうか？

肥満の程度を示す指標としては，**体脂肪率（体重のうちに脂肪が占める割合）**がふさわしいでしょう。

体脂肪率！　よく体脂肪を減らすお茶のCMが流れていますよね。

ええ。肥満とは「体に脂肪がつきすぎた状態」のことですから，体脂肪率は肥満を判定するよい指標になります。ただし，体脂肪率を正確に知ることはとてもむずかしいです。そこで便利なのが，身長と体重の値をもとに算出する**BMI**といわれる指標です。

BMI？　聞いたことはあるけど，具体的にどういうものかわからないです。

BMIは「Body Mass Index」の略で，体重と身長から計算できる値です。体重と身長は体脂肪率よりも簡単にはかれますし，統計的にもBMIと体脂肪率はある程度比例することがわかっています。**このため，BMIは肥満の程度をあらわす指標として，世界保健機関（WHO）をはじめ世界各国で利用されているのです。**

へぇ〜！　BMIって，どうやって計算するんですか？

BMIは**体重（kg）÷｛身長（m）｝^{2}**で計算できます。

BMI＝体重（kg）÷｛身長（m）｝^{2}

身長：180 cm（1.8 m）
体重：70 kg

BMI　＝ $70 \div 1.8^2$
　　　＝約 21.6

身長：160 cm（1.6 m）
体重：70 kg

BMI　＝ $70 \div 1.6^2$
　　　＝約 27.3

う～ん，わかるようなわからないような……。
もう少し具体的にお願いします！

たとえば身長170センチメートル（1.7メートル），体重70キログラムの人のBMIは「70÷（1.7×1.7）」になり，**約24.2**となります。身長180センチメートル（1.8メートル），体重70キログラムの人ならBMIは**約21.6**です。

なるほど。BMIの値が大きすぎると肥満ということですか？

はい，そのとおりです。ただし，肥満の基準は国によってことなります。WHOの基準ではBMI 25以上が**過体重**，BMI 30以上が**肥満**とされています。一方，**日本ではBMI 25以上で肥満**と判定されます。
さらに，程度によって「肥満（1度）」から「肥満（4度）」に分けられます。

ふむふむ。

そして，WHOでも日本でも，**BMI 18.5未満**が**低体重（やせ）**，**BMI 18.5以上25未満**が**普通体重**と分類されています。

へぇ～！　いろいろと細かく分類されているんですね。
自分のBMIも計算してみようっと。

ポイント！

BMI＝体重（kg）÷｛身長（m）｝^{2}

WHOの基準ではBMI 25以上が過体重，BMI 30以上が肥満とされており，日本の基準ではBMI 25以上で肥満となる。

肥満はさまざまな病気のリスクを上げる

この前雑誌で読んだのですが，肥満の人って増えているんでしょう？　社会問題だって書いてありましたよ。

厚労省の調査※1によると，男女の平均で**日本人の約4人に1人が肥満**となっています。さらに，肥満の人は昔よりも増加傾向にあります。

えっ!?　そうなんですか!?
私も今，お腹だけ出てしまって，ちょっと見た目も気になります。

BMIや脂肪量の増加は，見た目にも影響しますよね。
でも，肥満の問題はそれだけではありません。肥満は健康面に悪影響をあたえ，さまざまな病気のリスクを上げることがわかっているのです！

※1：国民健康・栄養調査（令和元年）

病気のリスクを上げる!?
なぜ肥満は，そのような悪影響をもたらすんでしょうか？

それには，主に内臓脂肪から分泌される**ホルモン**のはたらきがかかわっています。

内臓脂肪？　ホルモン？

体につく脂肪は，大きく三種類に分けられます。一つ目は，皮膚のすぐ下につく**皮下脂肪**です。二つ目は，胃や腸などのお腹まわりの内臓につく**内臓脂肪**。
そして三つ目が，肝臓や筋肉，膵臓など，本来たまるはずのない場所に蓄積される**異所性脂肪**です。

脂肪にも，いろいろ種類があるんですね。

はい。**そしてこのうち最も健康状態の悪化につながりやすいのが，内臓脂肪です。**
通常，肥満の人の**脂肪細胞**は中性脂肪を大量にためこんでいるので，やせている人にくらべて肥大化しています。さらに内臓脂肪の脂肪細胞は，単に脂肪をためこむだけではなく，さまざまなホルモンを放出する**内分泌器官**としての役割が活発なのです。

へぇ〜！　脂肪細胞がホルモンを分泌するんですか。

そうです。
脂肪細胞は，中性脂肪をたくさんためこみ肥大化すると，分泌するホルモンの種類や量が変化してしまいます。これが病気のリスクを上げる原因といわれています。

そうなんだ……。
肥満になると，具体的にどのような病気にかかりやすくなるんでしょうか？

たとえば肥満ではない**健康な人**の脂肪細胞は，**アディポネクチン**といった動脈硬化をおさえる効果があるホルモン，いわゆる**善玉ホルモン**を多く分泌しています。

ふむふむ。

一方，**肥満の人**の脂肪細胞は，善玉ホルモンの分泌量が減り，かわりにTNF-α[※2]などの炎症反応にかかわるホルモン，いわゆる**悪玉ホルモン**の分泌量が増えます。**その結果，脳血管疾患・心疾患・動脈硬化症・糖尿病・高血圧症など，さまざまな病気のリスクが上昇してしまうのです。**なお，善玉・悪玉という呼び方は話をわかりやすくするためのものであって，どちらも体にとっては必要なホルモンです。両者のバランスが崩れることが問題なのです。

善玉ホルモンと悪玉ホルモンのバランスが崩れることで，脳から心臓まで，体全体に悪影響が出てしまうんですね。
肥満って，恐ろしい……。

※2：TNF-αはホルモンではなく，「サイトカイン」とよばれることもあります。

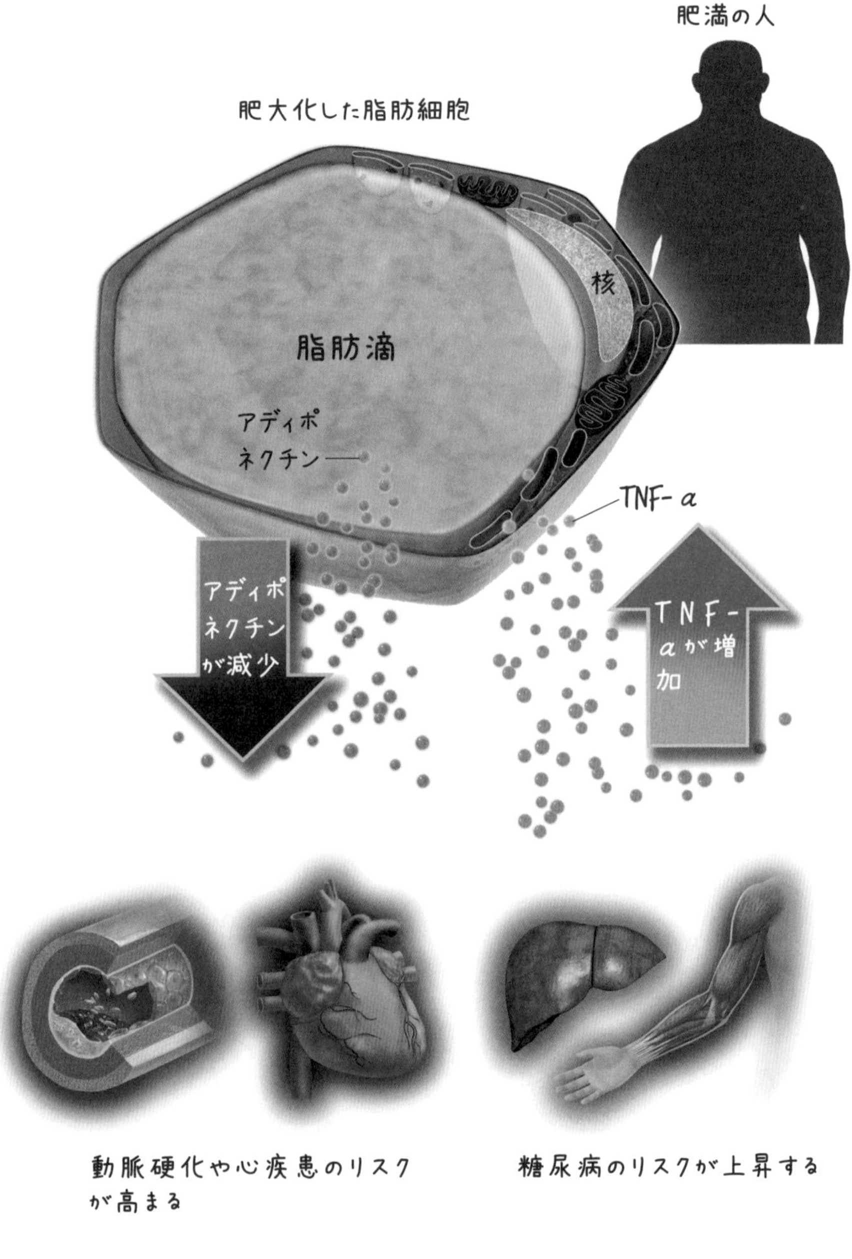
肥満の人
肥大化した脂肪細胞
核
脂肪滴
アディポネクチン
TNF-α
アディポネクチンが減少
TNF-αが増加
動脈硬化や心疾患のリスクが高まる
糖尿病のリスクが上昇する

ところで，先ほどWHOはBMI30以上を肥満としているのに，日本では**BMI25以上で肥満**に分類されてしまうとお話ししましたよね？

そうそう！
何でかなぁって思ってたんですよ。なぜ日本人だけ厳しい値なんですか？　理不尽です！

まぁまぁ，落ち着いてください。
実は，日本人を含む東アジアの人々は，食べ物から摂取したエネルギーを内臓脂肪としてためこみやすい傾向にあるようなのです。

ど，どうしてです!?　アメリカ人やイギリス人は，内臓脂肪がたまらないんですか？

次のような研究[※3]があります。
40代の日本人男性314人とアメリカ在住の非ヒスパニック系白人男性（以下，白人男性）288人を対象に，腹部CTスキャンで内臓脂肪と皮下脂肪の面積を調べました。すると，日本人のほうが白人男性よりも内臓脂肪の割合が高かったのです。

というと，つまり……？

つまり，日本人男性は内臓脂肪の割合が高く，そのせいで同じぐらいのBMIの白人男性より病気のリスクが高いということになります。

※3：Azuma et al. Metabolism. 2009 Aug;58(8):1200-7. doi: 10.1016/j.metabol.2009.03.021.

なるほど。だから日本では肥満とされるBMIの値が低いんですね。

ええ。肥満の人にとって体重を減らすことは，見た目の問題以上に，**病気のリスクを減らす**という大きな利点があるのです。

STEP 2

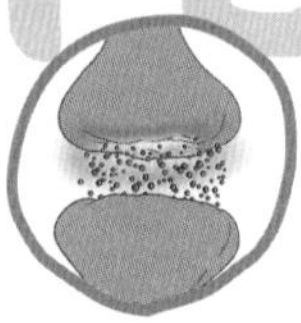

減量効果を科学的に考える

健康に悪影響をあたえる肥満を回避するため，食事制限や運動などさまざまな減量方法が試されています。最新の科学的知見を根拠に，効果的な減量方法について考えてみましょう。

太りやすい生活と太りにくい生活がある

先生，太るしくみはわかったのですが，具体的にどんな工夫をして生活していけばいいんでしょう？　いつもそこがネックになって，結局やせられないんですよ。

わかりました。では科学的な視点から，確実にやせるための考え方をここでいくつか紹介していきましょう。
具体的に食事や運動をどうすればよいかというお話は，4時間目にくわしくやりますね。

よろしくお願いします！

まず，食事の時間です。

時間？　そんなことより，カロリーとか食事内容とか，そっちのほうが大切なんじゃないんですか？

フフ，誰でもそう思いますよね。しかし食事をする時間は，減量するうえで，思いのほか重要なことなんです。

ほんとうかなぁ……。

私たちの体には**時計遺伝子**という，体内時計をつかさどる遺伝子が存在しています。
私たちが朝になると活動をはじめ，夜になると眠くなるのは，時計遺伝子のはたらきの一つです。そしてこの時計遺伝子は，栄養の吸収にもかかわるようなんです。

時間によって，栄養の吸収のされ方が変わるんですか。あまり意識したことなかったなぁ。

やせるためには，適切な食事量や栄養バランスを守ることが何より重要です。しかし，食事を摂取する時間によって食欲や栄養の吸収が変わることをふまえ，**何を**だけでなく，**いつ**食べるのかも考慮しようというのが，**時間栄養学**の考え方です。

ふぅむ，時間栄養学ですか……。ほんとうに食事の時間がやせやすさに影響するんでしょうか？

ある研究結果※1をご紹介しましょう。
研究では肥満者を二つのグループに分け，1日の総摂取エネルギーを固定したまま，朝昼晩の食事のエネルギー比率を変化させました。

※1：Jakubowicz, et al. 2013 Dec;21(12):2504-12. doi: 10.1002/oby.20460.

ふむふむ，総摂取エネルギーは変えないで，朝食や夕食の量を変えたってことですね。

はい。一方のグループは**朝食**の摂取エネルギーを最も多くしました。そしてもう一方のグループは，**夕食**の摂取エネルギーを最も多くしました。さて，どちらのグループが減量できたと思いますか？

うーん……，そうだ！　夜遅い時間に食べると太るって聞いたことがあります。つまり，朝食のエネルギーを多くしたグループのほうじゃないですか？

正解です！　**朝食のエネルギーを多くしたグループは，体重や腹囲が明らかに減少していました。**

やった！　当たった！
でもどうして夜遅い時間に食べると，太りやすくなるんでしょう？

その理由は，時計遺伝子の一つ**BMAL1**のはたらきによって説明できると考えられています。

BMAL1？

BMAL1には脂肪の合成をうながすはたらきがあります。そしてそのはたらきは1日周期で変動しており，**夜の10時**から**夜中の2時ごろ**に最も高くなるのです。

つまり，そのBMAL1のせいで，夜は脂肪の合成が活発になるってことですね。

そのとおり！ **やせるためにはBMAL1がよくはたらいている夜遅くの食事はひかえたほうがよさそうです。** 夕食は早めに軽くすませ，かわりに朝ごはんや昼ごはんをしっかり食べるのがよいでしょう。

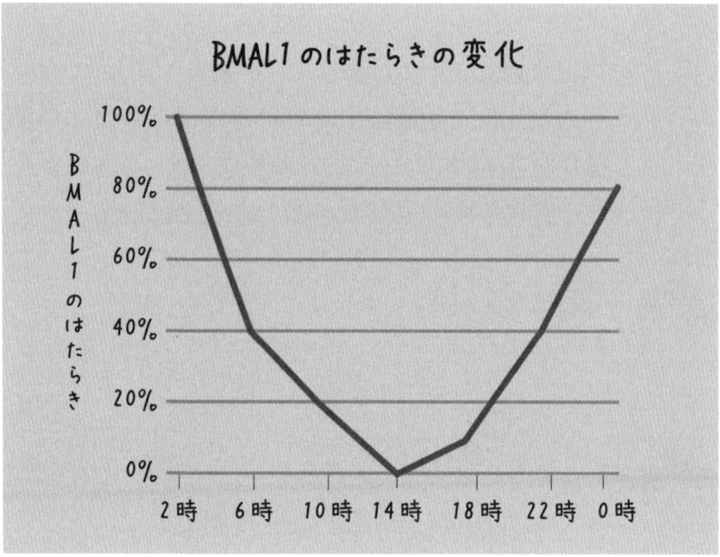

わかりました。でもこれまで夜遅くにたくさん食べていたから，いきなりそれを減らすのはお腹が空きそうです。それに朝からガッツリ食べるっていうのは胃もたれしそうで，どうも……。

食習慣をいきなり大きく変えるのはハードルが高い，という人でも実行しやすい方法があります。
食事をするのは**朝7時**から**夜7時**までというように，食事時間に関する**シンプルなルールを決める**ことです。

ずいぶん簡単なやり方ですね。そんなもので，ほんとうに効果があるんですか？

ええ。ある研究[※2]では，肥満の患者に対して食事内容は制限せず，1日の最初の食事から最後の食事までの時間を**10時間以内**にすることだけ指示しました。
すると，3カ月後には参加者の全員に体重・腹囲の低下が認められたほか，血液中の悪玉コレステロール濃度の低下，血圧の改善なども認められたのです。

なんと！
抜群に効果があるじゃないですか！　しかも食事内容は制限されていなかったんですね。

とはいえ，この研究のように，最初の食事から最後の食事までの時間を10時間以内にしてしまうと，朝7時に朝食をとった場合，最後の食事は夕方5時までにすませなければなりません。
これは私たちの生活では，現実的ではないでしょう。

確かにそうですね。

※2：Wilkinson MJ, et al. Cell Metab. 2020 Jan 7;31(1):92-104.e5.doi: 10.1016/j.cmet.2019.11.004.

太りやすい生活

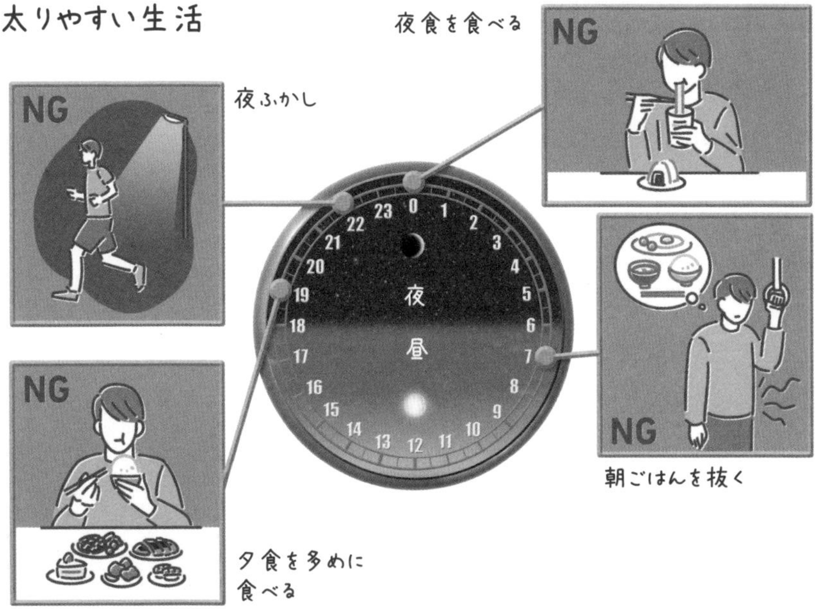

太りにくい生活

そこでわかりやすさと実行性の観点から，朝食と夕食の間を**12時間以内**にする食事法がすすめられることがあります。効果は少し落ちるかもしれませんが，続けられないと意味がないですからね。

なるほど。それだったら何とかできそうなので，試してみます！　朝食も，胃もたれしない範囲で少しずつ増やしてみますね。

よいですね。無理のない範囲で工夫してみてください。

「プチ断食」は慎重に

減量といえば，やっぱり食事をしない，**断食**が効果的な気がします。私の上司も，健康のために1日食事を抜くっていうことをたまにしてますけど，このような減量ってどうなんですか？

そういった減量法は**間欠的ファスティング**，わかりやすくいうと**プチ断食**といいます。
短期間の絶食を行うことで内臓を休ませることができ，その結果，代謝が上がったり，脂肪を燃焼しやすくなったりするといわれています。
断食の期間は半日～1日，頻度も週2日～隔日など，さまざまな方法が提案されています。

ふむふむ。ということは，やっぱり有効なんですね。

確かに，減量という点だけでいうと，効果はあるかもしれません。ある研究※では，健康な非肥満者の男女各8人に対して，22日間，1日おきに絶食するプログラムを実施しました。すると，いずれも実施前の状態から体重が2.5%，脂肪量が4%減少したという結果が出たのです。

おぉ～！　やっぱり減量効果があるんですね。

そうですね。私たちの体では通常，体を動かすエネルギー源として主にグルコース（ブドウ糖）が利用されます。そしてグルコースが少なくなると，肝臓や筋肉にたくわえられたグリコーゲンがグルコースに分解されて利用されます。
さらにグリコーゲンもなくなってくると，主なエネルギー源がグルコースから脂肪やタンパク質に切り替わるんです。

へぇ！　使われるエネルギー源がどんどん変わっていくんですね。

ええ。そして脂肪やタンパク質の分解が活発になると，肝臓で**ケトン体**という物質が合成され，これが脳や筋肉でグルコースに代わるエネルギー源になってくれるのです。

※：Heilbron, et al. Am J Clin Nutr. 2005 Jan;81(1):69-73.doi: 10.1093/ajcn/81.1.69.

空腹時の代謝

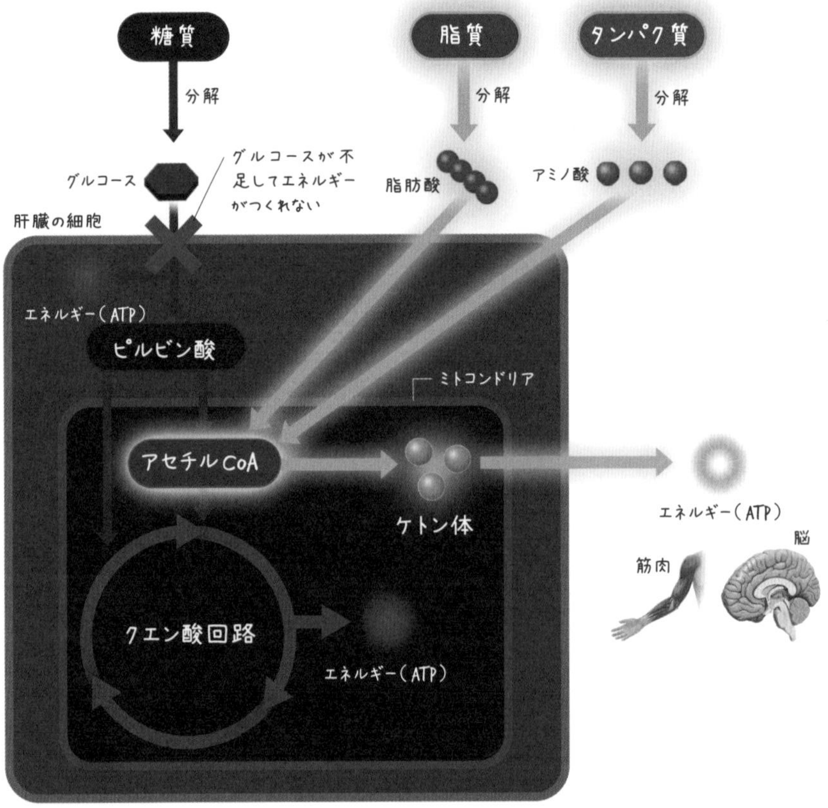

通常，グルコースは，細胞の中で「ピルビン酸」，さらに「アセチルCoA」という物質に代謝され，その後「クエン酸回路」というしくみによって，エネルギー（ATP）がつくりだされます。
しかし空腹がつづき，グルコースが不足すると，脂質やタンパク質からアセチルCoAを経て，「ケトン体」（アセト酢酸，ベータヒドロキシ酪酸）という物質がつくりだされます。肝臓で合成されたケトン体は，全身へ運ばれ，脳や筋肉などでグルコースの代わりにエネルギー源として利用されます。

普段，私たちの体はケトン体をほとんど利用していませんが，間欠的ファスティングは，空腹状態を**意図的**につくりだすことで，脂肪の分解やケトン体の合成を促すことをねらいとしているのです。

なるほど！　空腹状態にすることで，脂肪をどんどん使うようにするわけですね。さっそく私も間欠的ファスティングを……。

ちょっと待ってください！　確かに間欠的ファスティングは，シンプルで減量効果も高いダイエット法です。
しかし，断食の期間が1日におよぶような間欠的ファスティングは，あまりおすすめはできません！

ええ〜！　どうしてです？
すっごく効果がありそうだし，内臓もお休みさせられるし，いいことずくめじゃないですか。

まず，まる1日のように長時間にわたって食事を抜くと，その後に大食いしてしまうことが多く，かえって**肥満の原因**になる可能性があります。
さらに，先ほどお話ししたように，断食中は脂肪だけでなくタンパク質も燃料として使われるため，タンパク質を十分に補給しなければ**筋肉や内臓のタンパク質が分解**されてしまいます。

えー，筋肉がなくなっちゃうんですか!?

はい。私たちは体重**1キログラム**につき毎日**約1グラム**のタンパク質を，特に何もしなくても**消費**しています。**私たちは，この消費分を食事から摂取したタンパク質で補うことにより，体のサイズや機能を保っているのです。**

何もしなくても，タンパク質って失われていくんですね。

そうなんです。そのため，**長時間のファスティングをするとタンパク質が不足して，筋肉が減ってしまいます。さらに，摂食日に反動で食べすぎてしまうことで，脂肪が増える可能性だってあるのです。**

実際に，BMIでは肥満に分類されるのに，筋肉量が少ない高齢者は珍しくなく，**サルコペニア肥満**とよばれています。

さるこぺにあ肥満？

これは，サルコペニア（加齢により筋肉量が減少している）にもかかわらず肥満という状態を指します。サルコペニア肥満は糖尿病，脂質異常症，動脈硬化，心血管疾患などのリスクを高めるといわれており，注意が必要です。

知らなかった……。かなり危ない状態ですね。

間欠的ファスティングは手軽にとり入れやすい減量方法ですが，やりすぎると健康状態の悪化を招くおそれがあります。

実行するなら，長くても半日程度の断食にとどめておくのがよいでしょう。

そうします！

ポイント！

1日以上の断食は，筋肉量の減少さらには脂肪量の増加をもたらすおそれがある。高齢者であればサルコペニア肥満となって，糖尿病，脂質異常症，動脈硬化，心血管疾患のリスクが高まる可能性もある。

肥満の原因は「腸内環境」にあるのかも！

私たちの腸内にはおよそ1000種類にもおよぶ，**約百兆個**の細菌が生息しています。これらの**腸内細菌**には，食べたものの消化や吸収を助けるはたらきがあります。

私の体の中に，それだけの種類の細菌が百兆個もいるなんて，ちょっと想像できないですね。

そうかもしれませんね。腸内細菌の種類や割合は，人によってさまざまです。

そして近年，この腸内細菌の種類の個人差が，太りやすさと深い関係にあることがわかってきました。

えっ，腸内細菌が肥満と関係しているんですか？

そうです。特に腸内細菌がつくる**短鎖脂肪酸**という物質が太りやすさに影響しているようなんです。

たんさしぼうさん？

特定の腸内細菌が食物繊維などを分解する際につくりだす物質の一つです。
本来，食物繊維は，ヒトの消化酵素では分解できませんが，腸内細菌はこれを分解してくれるんです。そのときにできる物質が短鎖脂肪酸です。**短鎖脂肪酸は，脂肪細胞にはたらきかけて，グルコースの取りこみを防ぐ効果があることが知られています。**

さらに，短鎖脂肪酸には胃腸の動きをゆるやかにするGLP-1というホルモンを小腸から分泌させるはたらきもあります。
GLP-1が分泌されると，食欲が抑えられることに加え，食べたものが胃腸をゆっくり通過するため満腹感を得やすくなり，食事量が減って肥満の改善につながると考えられます

腸内細菌がつくる短鎖脂肪酸が肥満を防ぐってことですね。すごい！　でも腸内細菌には，個人差があるんですよね？　実際に太っている人とやせている人で腸内細菌にちがいってあるんでしょうか？

はい。**肥満の人では，短鎖脂肪酸をつくりだす腸内細菌が，肥満でない人よりも少ないことが知られています。**
実際，日本人を対象にやせている人と肥満の人の腸内細菌の種類を調べた研究※によると，短鎖脂肪酸をつくる腸内細菌の一つフィーカリバクテリウム・プラウスニッツィの割合が，肥満の人では少ないことがわかっています。

ふぃ，ふぃーかり……？

ハハハ，覚えづらいですよね。
大切なのは，この細菌は短鎖脂肪酸をつくり，肥満の人の腸内にはこの細菌が少ないということなんです。

※：Andoh, et al. J Clin Biochem Nutr. 2016 Jul;59(1):65-70.doi: 10.3164/jcbn.15-152.

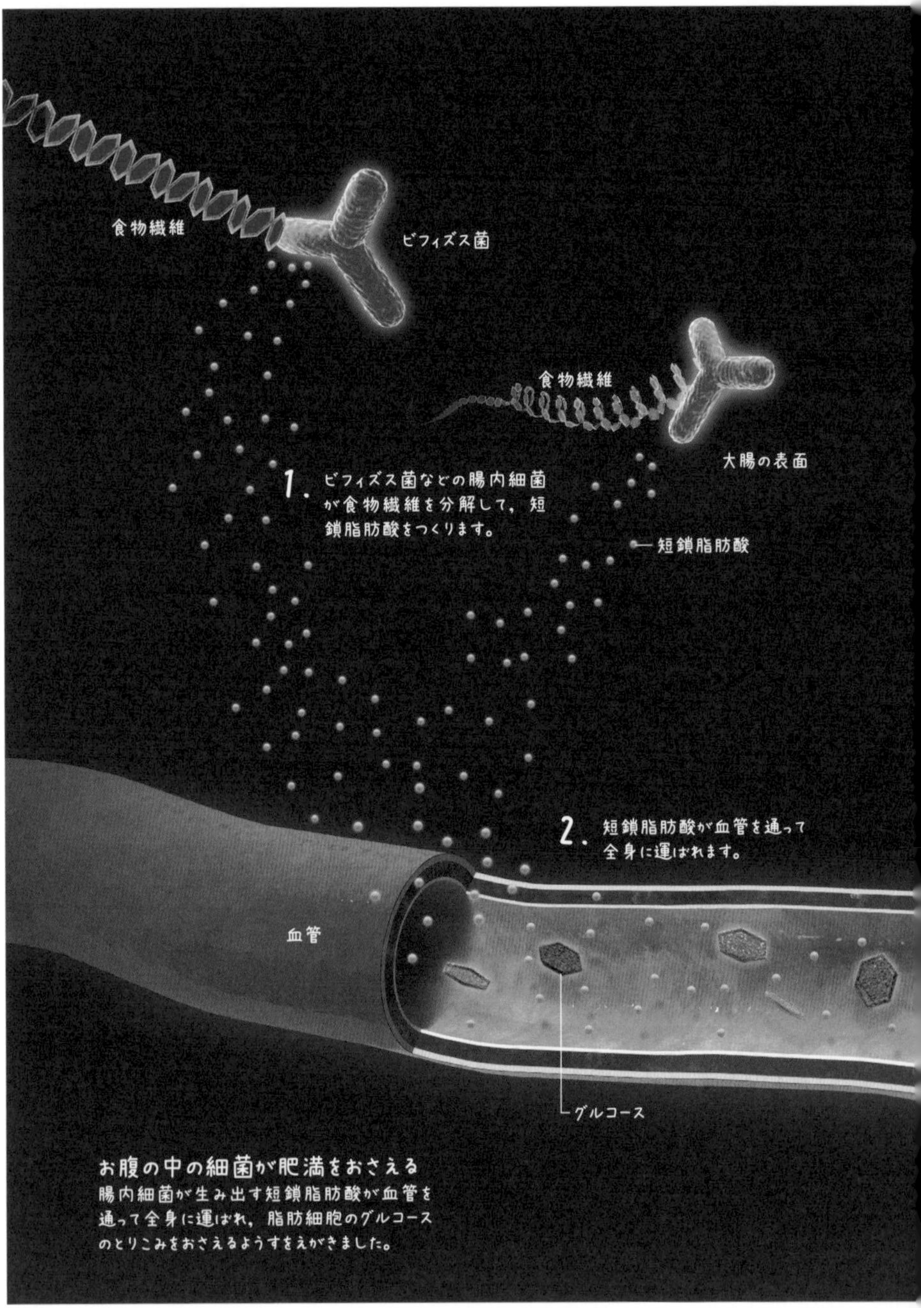

お腹の中の細菌が肥満をおさえる
腸内細菌が生み出す短鎖脂肪酸が血管を通って全身に運ばれ，脂肪細胞のグルコースのとりこみをおさえるようすをえがきました。

短鎖脂肪酸
脂肪細胞
3. 短鎖脂肪酸が脂肪細胞にはたらきかけ，グルコースのとりこみをおさえます。

ふむふむ，なるほど。じゃあ，どうにか腸内で短鎖脂肪酸を増やして，太りにくい体になることはできませんか？

短鎖脂肪酸を増やして肥満を改善するには，そのもととなる**食物繊維**を多くとるのがおすすめです。

食物繊維って，どんな食材に含まれているんでしょう？野菜やワカメに多いって聞きますけど……。

食物繊維は**根菜類・豆類・きのこ類・海藻類**などに多く含まれます。また最近の研究から，**イモ類**や**寒天**などに含まれる**多糖**が，より短鎖脂肪酸につくり変えられやすいこともわかっています。

へぇ〜。豆や寒天にも！　思ったよりいろいろな食材に含まれているんですね。

はい。食物繊維や多糖は，**プレバイオティクス**ともよばれています。プレバイオティクスとは，腸内細菌のエサとなって，**腸内細菌を増やす**作用をもつ食品成分のことです。

なるほど，プレバイオティクスは腸内細菌を増やす，と。

プレバイオティクスを多く摂取して腸内細菌を増やすと，結果的に短鎖脂肪酸がつくられやすくなるというわけです。ですから，**食物繊維や多糖を多く含む食品を積極的に摂取して腸内環境をととのえれば，太りにくい体に近づくことができるでしょう。**

それなら，食べながらにして太りにくい体づくりができますね。意識してたくさん食べようっと！

ポイント！

食物繊維や多糖を多く含む食品を積極的に摂取して腸内環境をととのえれば，太りにくい体に近づく。食物繊維は根菜類・豆類・きのこ類・海藻類，多糖はイモ類や寒天に多く含まれる。

睡眠が不足すると食欲が増す

さて，次は，肥満と睡眠について，みていきましょう。
肥満は睡眠と密接な関係にあるといわれています。
しかし，日本人は世界的にみて睡眠時間が短く，睡眠不足の傾向にあるといわれています。

日本人は睡眠不足!?

私もつい夜ふかしをしちゃうので，耳が痛いです……。

睡眠不足が蓄積されると心身の健康が阻害され，体にさまざまな不調や病気が生じやすくなります。そして，肥満も睡眠不足によっておきる問題の一つなのです。

でもどうして，睡眠不足で太るんでしょうか？　あまり関係なさそうに思えるんですけど……。

睡眠時間の不足によって肥満が生じやすくなるのは，主にエネルギー摂取量が増えるからだといわれています。

エネルギー摂取量が増える？

もしかしたら，おきているとお腹が減って，つい食べちゃうからですか。私にも心当たりが……。

それも一因としてあるでしょう。長時間おきていると，その分食事をとる機会が増え，結果的に総エネルギー摂取量が増加し，肥満の呼び水となってしまいます。ただ，睡眠不足の影響は，それだけではありません。
たとえば，アメリカのペンシルベニア州立大学の研究チームが行った研究によると，10時間眠った日にくらべて，5時間しか眠らなかった日は高カロリー・高脂肪の食べ物を選ぶ傾向にあることがわかっています。

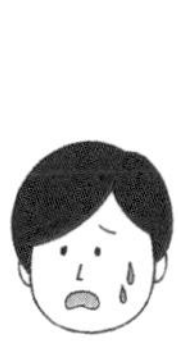

うぅむ。いったいなぜ徹夜したグループは高カロリー・高脂肪のものを選ぶようになるんでしょうか？

その理由の一つは，**ホルモン分泌や代謝の変化**です。睡眠時間が短くなると，食欲をおさえるはたらきのある**レプチン**というホルモンの分泌量が減少し，反対に**グレリン**という食欲増進ホルモンの分泌量が増加することがわかっています。
その結果，いつも以上に空腹を感じて食べすぎてしまい，体重が増えるきっかけになってしまうのです。

ふむふむ。レプチンとグレリンという二つのホルモンの増減が食欲に関係するんですね。

はい。実際に，**睡眠をしっかりとることを意識すると食事や運動などの生活習慣が自然と改善し，やせることができるようになるかもしれない，という研究報告があります。**

睡眠をしっかりとればやせる!?
何ですか，その夢のような響きは。

アメリカのシカゴ大学の研究者が行った研究[※2]では，睡眠不足で過体重の80人の被験者を2グループに分けて，片方だけに睡眠指導を実施し，ぐっすりと眠れるコツを伝えました。

ほうほう。

※2：Tasali et al. JAMA Internal Medicine 2022;182（4）: 365-374

寝不足が食べすぎをまねくしくみ

睡眠不足がホルモンの分泌量を変化させ，肥満につながるしくみをえがきました。睡眠不足がつづくと，食欲を高める「グレリン」というホルモンの分泌量がふえ，食欲がましやすくなります。一方，食欲をおさえるレプチンの分泌量が減り，食欲をおさえにくくなります。

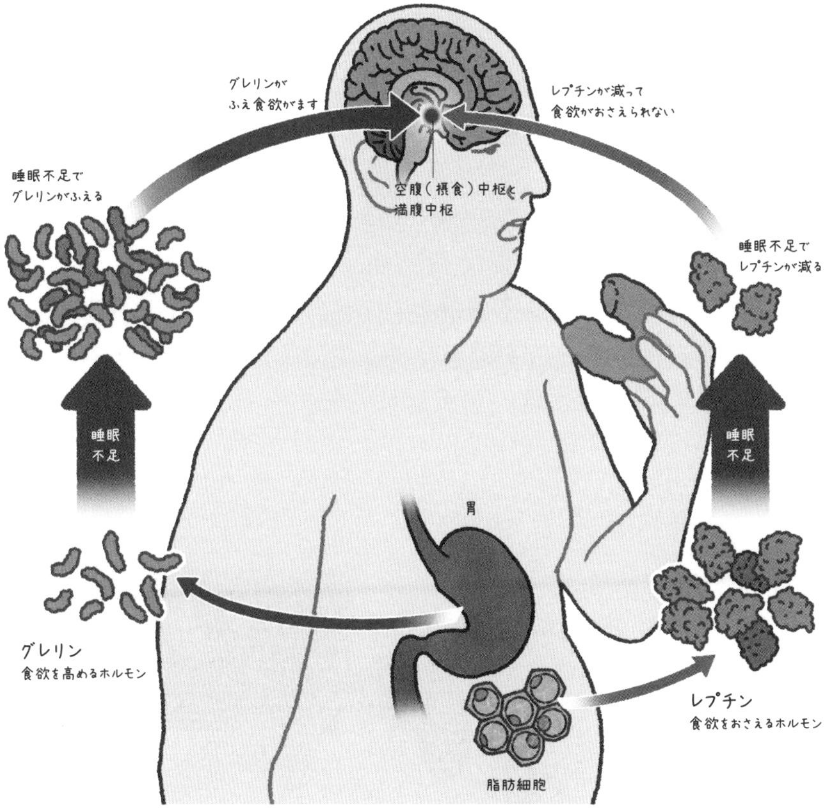

2週間後，睡眠指導をしたグループは**約1.2時間長く眠れる**ようになり，体重が**0.5キログラム減少**し，さらに摂取エネルギーも**155キロカロリー減少**しました。
一方，指導を受けなかったグループは体重が**0.4キログラム増加**し，摂取エネルギーも**115キロカロリー増加**したんです。

睡眠を改善すると，その結果が摂取エネルギーや体重にもあらわれたわけですね！
ちなみに，ぐっすり眠れるコツって何なんですかね？
私，寝つきが悪くて困ってるんですよ。

寝つきが悪くなる原因として，寝る前にテレビを見たり，スマートフォンを使ったりしていることが挙げられます
睡眠不足の人は，寝る前にスマホなどの電子機器をいじらないことを意識し，太りにくい生活リズムを身につけるのがよいでしょう。

へぇ〜。よく耳にしますが，やっぱり大切なんですね。よし，今日から寝る前のスマホいじりをやめるぞ！

腸内環境は睡眠リズムにも影響していた

肥満と睡眠の関係についてお話ししましたが，**腸内細菌**と**睡眠**の関係についてもご紹介しましょう。

腸内細菌と睡眠なんて，あんまり関係なさそうですけど。

いいえ，睡眠の質に腸内細菌が関係している可能性が近年報告されているんです。

そうなんですか。私，平日はどうしても睡眠時間が短くなってしまうので，睡眠の質をよくしたいなと思っています。

ある実験研究[※1]では，精神的ストレスがかかる環境下で乳酸菌飲料を飲むと，睡眠の質が高まると報告されています。

この実験では，医学部に通う大学生94人に，進級がかかっているテストの8週間前から乳酸菌で発酵させた牛乳（発酵乳），またはただの牛乳を飲んでもらっていました。

※1：Takada M, et al. Benef Microbes2017; 8(2): 153-162. doi: 10. 3920/BM2016. 0150

進級がかかっているなんて，ずいぶんストレスがかかるでしょうね。ちなみに，睡眠の質が高まるって，具体的にどういうことなんでしょう？

大脳が活動を休止し，ぐっすり眠っている状態のことを**ノンレム睡眠**といいます。ノンレム睡眠は，眠りの深さによって4つまたは3つのステージに分類されます。
それぞれの学生で，ノンレム睡眠の中でも深く眠った状態である**ステージ3**の時間を調べたところ，ただの牛乳を飲んだグループではテストが近づくにつれて，ステージ3の時間が短くなったのに対し，発酵乳を飲んだグループでは短くならなかったそうです。

なるほど！　**乳酸菌を含んだ飲料を飲んだほうが，ぐっすり眠れたということですね。**つまり，飲み物の中の乳酸菌が腸内にすみついて増えたってことでしょうか？

いいえ，乳酸菌は食べ物や飲み物から摂取しても，そのまま腸に定着することはほぼありません。

ええっ!?　そうなんですか？
じゃあ「乳酸菌が腸によい」っていうのは，うそってこと？

うそではありませんよ。摂取された乳酸菌は，腸を通過するときに既存の腸内細菌にさまざまな影響をあたえることで，腸内環境をととのえます。また，腸と脳をつなぐ**迷走神経**の活動を調節して，脳にまで影響をあたえていると考えられています。

へぇ〜。腸内にすみついてくれないなら，習慣的にとった方がよさそうですね。

そのとおりです。また筑波大学の研究チームは2020年に，マウスへ抗生物質を投与して腸内細菌を除去し，通常のマウスと比較するという実験の結果を報告しました[※2]。
すると腸内細菌を除去したマウスでは，本来寝ている時間帯においてノンレム睡眠の時間が減っていた一方，本来おきている時間帯での覚醒時間が減り，ノンレム睡眠に入ることが多くなっていたそうです。

あらららら，生活のリズムが少しおかしくなったんですね。

はい。睡眠と覚醒のリズムが崩れ，活動と休息のメリハリが弱まってしまったといえますね。
腸内細菌除去マウスの腸管では，神経の活動を調節する役割があるさまざまな神経伝達物質の増減が観察されました。こうしたことで神経活動に変化がおき，睡眠と覚醒のリズムが変化したと考えられています。

ふむふむ，腸内環境をととのえることは，睡眠の改善，ひいては睡眠と関係のある肥満の改善にもつながるってことなんですね。

※2：Ogawa Y, et al. Sci Rep 10, 19554（2020）.doi:10.1038/s41598-020-76562-9

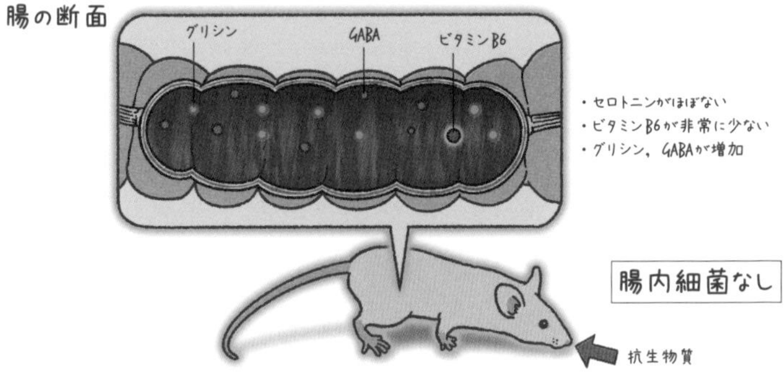
腸の断面
グリシン
GABA
ビタミンB6
・セロトニンがほぼない
・ビタミンB6が非常に少ない
・グリシン，GABAが増加
腸内細菌なし
抗生物質

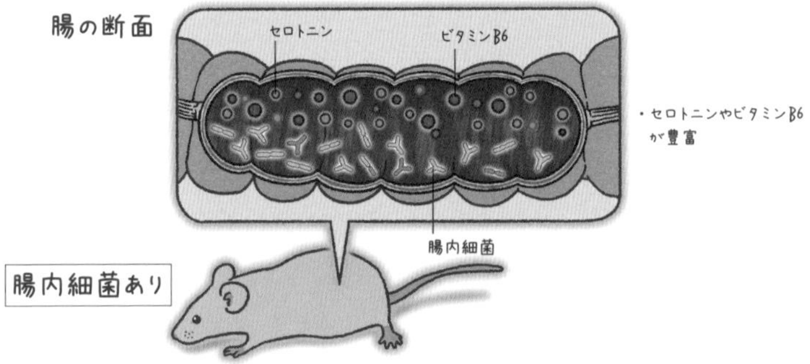
腸の断面
セロトニン
ビタミンB6
・セロトニンやビタミンB6が豊富
腸内細菌
腸内細菌あり

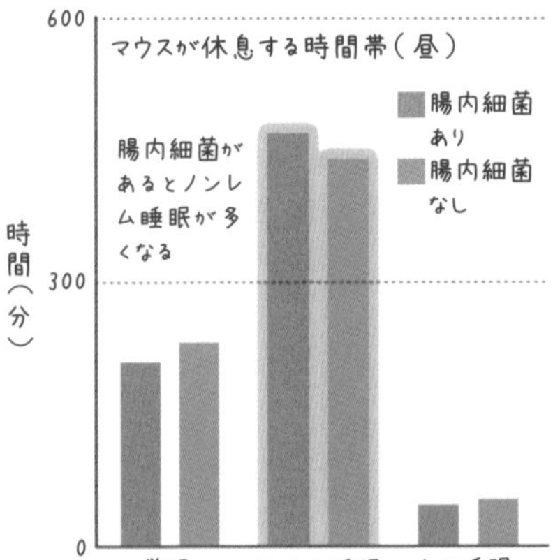
マウスが休息する時間帯（昼）
600
300
0
時間（分）
腸内細菌があるとノンレム睡眠が多くなる
腸内細菌あり
腸内細菌なし
覚醒
ノンレム睡眠
レム睡眠

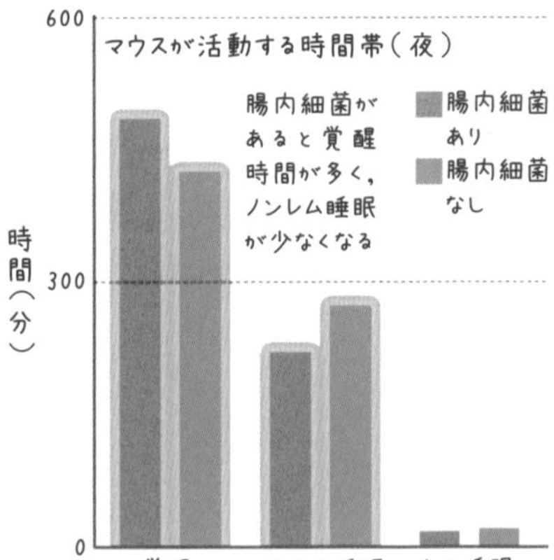
マウスが活動する時間帯（夜）
600
300
0
時間（分）
腸内細菌があると覚醒時間が多く，ノンレム睡眠が少なくなる
腸内細菌あり
腸内細菌なし
覚醒
ノンレム睡眠
レム睡眠

「先に野菜から食べる」「よくかむ」のメリット

いろいろお話を伺いましたが，やっぱり食事と肥満は切っても切れない関係だと思うんです。
食事において，ストレスの少ない減量方法ってないんですか？

減量を成功させるためには，「食べたい」という欲望をおさえることが不可欠です。
そのための方法を二つ紹介しましょう。まず一つ目として，**よくかむ**という方法があげられます。

よくかむ？　確かに子どものころに「よくかんで食べなさい！」って母からいわれましたけど……。それが，食欲をコントロールするのに役立つんですか？

よくかんで食べると，脳内の視床下部の神経細胞（ニューロン）から**ヒスタミン**という物質が分泌されます。このヒスタミンによって，満腹感を生み出す**満腹中枢**という脳の部位が刺激され，食欲がおさえられるといわれています。

ふむふむ。

また，よくかんで食べるということは，ゆっくり食事をすることにもつながります。
私たちは，満腹中枢を刺激する**コレシストキニン（CCK），インスリン，GLP-1**というホルモンのはたらきによって満腹になったと感じるのですが，ゆっくり食事をすると，これらのホルモンが満腹中枢を刺激する時間が十分にとれることになります。
そのため，いつもより少ない食事量で満腹になり，食べすぎを抑制してくれるのです。

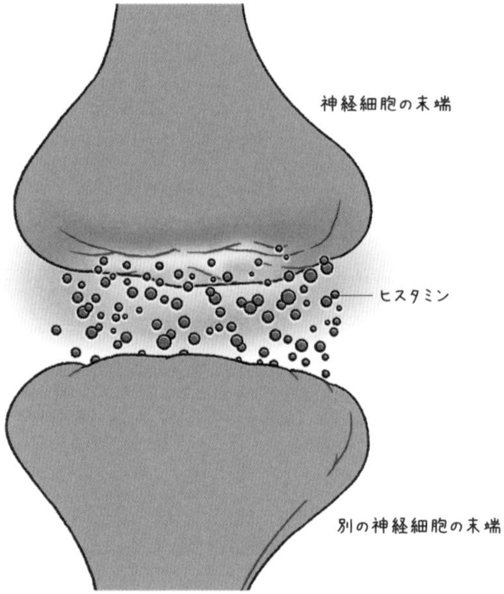

なるほど！　よくかんで，ゆっくり食事をすれば，自然と食事量を制限できるんですね。ちなみに，どれくらいかめばいいんでしょうか？

厚生労働省は，「歯科保険と食育の在り方に関する検討会」の中で**一口につき30回**咀嚼する習慣を推奨しています。

30回!?　それは無理かも……！

フフ，確かに毎回30回かむのは楽ではないですよね。むずかしいと思ったら**いつもより5回多くかむ**というように，少しでもかむ回数を増やす努力をしてみましょう。

まずはできる範囲ではじめていいんですね。よかった。

さて，食欲をおさえるもう一つの方法は，**野菜から先に食べる**です。

えっ。食べる順番で食欲がおさえられるんですか？

はい。そうなんです。
たとえば，「お腹いっぱい食べたのに，すぐにお腹がすいた」と，感じたことはありませんか？

あります！　あれ，何でなんですかね……。

その原因は**血糖値スパイク**にあるといわれています。

血糖値すぱいく？

血糖値とは**血液中のグルコースの濃度**のことで，空腹感と深い関係にあるんです。
血糖値が低いと脳は空腹を感じ，食事をして血糖値が上がると空腹感はおさまります。

つまりお腹が減っているときは，血糖値が低くなっていて，食事をしてお腹いっぱいのときは血糖値が高くなっているんですね。

はい，そうです。ここで注意しないといけないのは，短時間で大量の食事をとったときです。このようなときは血糖値が急激に上昇します。
すると空腹はおさまるのですが，血糖値の急激な上昇に反応して，血糖値を下げる**インスリン**というホルモンが大量に分泌されるのです。

インスリンが大量に分泌されるとどうなるんでしょうか？

インスリンの作用によって，しばらくすると，血糖値が急激に低下してしまいます。**このように，血糖値が急激に上がったり下がったりすることを血糖値スパイクといいます。**

血糖値スパイクがおきると血糖値が一時的にすごく低くなってしまい，食べ終わってからあまり時間がたっていないのに，空腹だと感じてしまうことがあるのです。

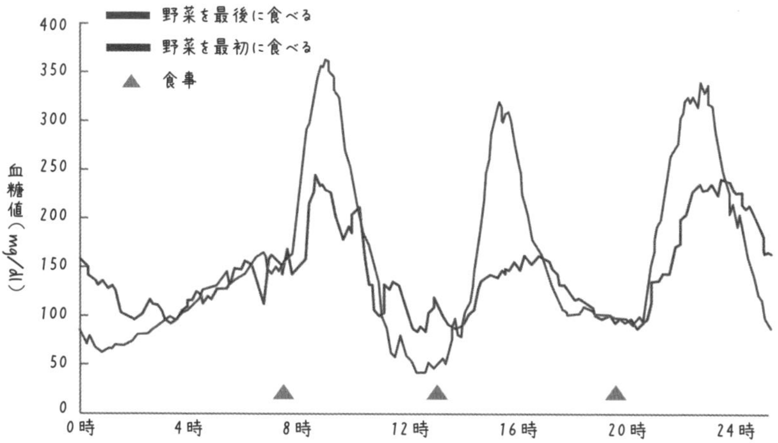

なるほど。あの空腹の正体がわかってスッキリしました。

血糖値スパイクをおさえるために，簡単に実行できる対策が，先ほどお話しした**野菜から食べる**という方法です。野菜には**水溶性の食物繊維**が多く含まれているので，野菜を食べると，そこに含まれる食物繊維が水にとけてゼリー状になります。

ふむふむ。

すると，ゼリー状になった食物繊維によってその後に口に入れた食べ物が胃や腸をゆるやかに移動するようになり，ゆっくりと吸収されるようになります。これによって血糖値の急激な上昇がおさえられるのです。

野菜から先に食べるっていう簡単なことで，そんな効果があるんですね。早速試してみようっと！

よくお腹がすいて，ついつい食べすぎてしまう人は，まずは普段の食事で「よくかんで食べる」「野菜から手をつける」という二つのことを意識してみましょう。

カロリー制限の注意点

よくかんでゆっくり食事をして，野菜から食べる……。何だ，楽勝じゃないですか。これなら簡単にやせられそう！

いいえ，残念ながら今ご説明した方法だけではむずかしいでしょう。**減量の基本的な考え方は，やはり摂取エネルギーを減らすことです。いわゆる「カロリー制限」のことですね。**

が〜ん！
やっぱり摂取するカロリーを減らす努力をしないとダメなんですね。それがいちばんむずかしいのに……。
てか，そもそもカロリーって何なんですか？

カロリーとは，主に栄養学の分野で使われる熱量（エネルギー量）の単位です。
30〜49歳で標準的な身体活動レベルの男性が1日に消費するエネルギーは，およそ2700キロカロリー，女性はおよそ2050キロカロリーです。

ふむふむ，結構男女差があるんですね。

はい。これらのエネルギーのうち**約60%**は，呼吸したり体温を維持したりするための**基礎代謝**として消費されます。次に**約30%**が体を動かすことによって消費され，残りの**約10%**は食べ物を消化する際に発生する**熱**となります。

へぇ〜，そういう配分になっているんだ。知らなかった！

摂取したエネルギーを消費しきれなかった場合，私たちの体は，余った分を**脂肪**として蓄積します。つまり，やせるためには消費エネルギーよりも摂取エネルギーを少なくする必要があるわけです。

じゃあ，結局は，食べる量をうーんと減らして，摂取エネルギーの少ない食生活を続ける必要があるんですね。

いいえ！　それほど簡単な話ではありません。
昨今では，食事量を制限するだけの減量にはいくつかの限界があることがわかってきているんです。
まず，「つづけるのがむずかしい」という大きな問題があります。

なぜつづけるのがむずかしいのでしょうか？

空腹に耐えるというのは誰にとってもつらいことで，ストレスがたまってしまいます。このような減量を長期間つづけること，できそうですか？

う〜ん，できる気がしません！

ハハハ，そうですよね。
さらに，極端なカロリー制限には，**リバウンドしやすい**という問題もあります。

出ましたね，リバウンド！
減量するときによく聞く言葉ですよね。なぜカロリー制限による減量は，リバウンドしやすいのですか？

私たちの体は，摂取エネルギーが少ない状態が続くと，エネルギーの消費をできるだけおさえようとするのです。一種の**適応現象**ですね。

へぇ，エネルギーを温存しようとするんですね。

はい。そのため，カロリー制限をはじめた当初は体重が順調に減ったとしても，以前と同じ食生活にもどすと，もともとの体重よりも増えてしまうことがあります。適応現象によって消費エネルギーが減少しているからですね。
これが減量後のリバウンドというわけです。

うぅむ，厄介ですね。

さらに，カロリー制限のデメリットはこれだけではありません。摂取エネルギーを極端に制限しようとすると，食事の量が全体的に少なくなります。
そのためビタミンやミネラルといった微量栄養素の摂取量が不足して，**低栄養**の状態になりやすいというリスクもあるんですよ。

それだと，健康的にはやせられなそうですね……。

ええ。健康な状態を維持しながら体重を減らし，長期間その体重をキープするためには，単に食事量を減らすだけでなく，栄養バランスや食事のタイミングなど，ほかの要素にも目を向けることが重要です。

う～ん，やっぱり減量って大変だ。やみくもに食事制限するだけじゃだめなんですね。

はい。しかし今お話ししたことを少しでも意識すれば，効率よく減量に取り組めますよ。
たとえば最近は，**糖質**を控えめにするダイエットが普及していますよね。
また**脂質**は三大栄養素の中でも1グラムあたりのカロリーが圧倒的に高く，少し摂取量を減らすだけでも結構なカロリー制限になります。

ふむふむ，**糖質制限**と，**脂質を減らす**こと……。
確かにすべての栄養素を制限してくださいといわれるよりは，少しハードルが下がりますね。

ちなみに，魚介類に多く含まれる**オメガ3脂肪酸**には中性脂肪を下げるはたらきがあるなど，**脂質の種類**によっても体への影響は異なります。
摂取エネルギーを意識することは基本ですが，「どんな栄養素をどれだけとるか」も大切なのです。栄養素と減量について，具体的な話は，4時間目にしましょう。

最近注目されている「糖質制限」は有効なのか

今お話に出た糖質制限なんですが，最近よく減量の本などで目にします！　糖質制限はほんとうに有効なんでしょうか？

気になりますよね。
そもそも糖質とは，ご飯やパンなどに多く含まれている炭水化物のうち，人が消化できない食物繊維を除いたもののことをいいます。
食品に含まれる糖質は，体内で主にグルコースなどの**単糖類**へと分解されます。それによって，血糖値が上昇し，膵臓から**インスリン**というホルモンが分泌されるんです。

インスリンって確か，血糖値をおさえるはたらきをもつホルモンでしたよね？

はい。インスリンには，血中のグルコースを脂肪細胞や筋肉細胞（筋線維）にとりこませるはたらきがあります。
糖質を含む食品をたくさんとると血糖値が急上昇し，それに反応してインスリンも多く分泌されます。すると脂肪はエネルギーをためこみやすくなり，これが**肥満**の原因となるんです。

なるほど。**糖質を制限すれば，インスリンが過剰に分泌されず，脂肪がエネルギーをためこまないってことですね。**

はい。そこで，近年**糖質制限ダイエット**が注目をあびているというわけです。
糖質制限ダイエットは，文字通り体の主要なエネルギー源である糖質の摂取量を制限するものです。すると，体内に貯蔵されていた**脂質（脂肪）**から**ケトン体**がつくられるようになり，これが糖質に代わるエネルギー源となります。
つまり脂肪の分解や消費がさかんになるので，糖質制限は体脂肪の減少につながるだろうという理屈です。

なるほど。何だかすごく効果がありそうですね。

しかし**極端な糖質制限はおすすめできません！**
短期的には効果が期待できますが，長期的に続けた場合には色々と悪影響が出てくると思います。
そこでおすすめしたいのが**ロカボ**とよばれる**ゆるやかな糖質制限**です。

ロカボ！　コンビニスイーツのパッケージに書いてあるのを見たことがありますが，あれって糖質制限のことだったんですね。

はい。**ロカボは，糖質の摂取量を控えめにすることで血糖値値の急上昇をおさえようというものです。**

控えめって，どれくらいですか？

ロカボの目安は，1日の糖質の摂取量を**70～130グラム（1食あたり20～40グラム）**，デザートは**10グラム**以下におさえることです。
1食あたりの糖質量はたとえば，ご飯半膳に含まれる糖質は約30グラムです。この程度ならば，無理なく糖質制限がつづけられるのではないでしょうか。

確かに，それなら私でもできそうな気がします。
でも，それくらいで，効果はあるのでしょうか？

2018年に発表された論文※では，糖尿病の患者157人に対してロカボを3年間実践してもらったところ，最初の6カ月で血糖値が大幅に改善し，その改善は3年間維持されることがわかりました。

へぇ～。効果が実証されているんですね。
よーし，私もすぐにはじめてみようっと！

ポイント！

ロカボ

糖質の摂取量を控えめにすることで血糖値の上昇をおさえるダイエット法のこと。1日の糖質の摂取量を70～130グラム（1食あたりでは30グラム程度），デザートは10グラム以下におさえることが目安。

※：Sanada, et al. Nutrients. 2018 Apr 24;10(5):528.doi: 10.3390/nu10050528.

高タンパク質食は満腹になりやすい?

さて，最近は減量や健康維持の目的で**高タンパク質食**も注目されています。

高タンパク質の食事？　それって，アスリートの人や筋トレにはげむ人向けの食事じゃないんですか？

確かにそういうイメージをもつ人が多いかもしれませんね。でも，糖質や脂質の摂取量を減らせば，自然と高タンパク質食になっていくのですよ。

そうなんですね。そもそもタンパク質ってなんですか？　ガッツリした肉とか，トレーニングの時に飲むプロテイン飲料とか，そんなイメージですけど……。

タンパク質は**アミノ酸**とよばれる物質がつらなってできた化合物です。脂質・炭水化物とともに**三大栄養素**の一つで，健康的な体づくりのために欠かすことのできない栄養素になります。

なるほど。体に取り入れられたタンパク質は，どうなるんでしょう。

タンパク質は，アミノ酸に分解され，新たにつくられるタンパク質の材料になります。
筋肉はタンパク質のかたまりですから，高タンパク質食は筋肉づくりに欠かせませんが，メリットはそれだけではありません。たとえば，高タンパク質食は，小腸から食欲をおさえる**コレシストキニン（CCK）**というホルモンの分泌をうながします。
このCCKは，食べすぎを防ぐ効果をもっており，肥満の予防や改善に貢献するホルモンなんです。

ということは，タンパク質を多くとると，CCKがたくさん分泌されて，肥満の原因になる食べすぎをおさえてくれるっていうことですか？

はい，そのとおりです。さらに，高タンパク質食はカロリーも控えめな場合が多いことから，タンパク質を積極的に摂取することは，減量のために有効といえます。

いいことばっかりじゃないですか。私，高タンパク質食に切りかえます！

ちょっと待ってください！　高タンパク質食にはいくつか注意が必要な点もあります。代表的なものは**腎臓への影響**です。

腎臓が悪くなってしまうんですか？

ええ。
高タンパク質食が腎機能に悪影響をあたえる可能性があることは，以前から指摘されていました。
しかし，近年発表されたオランダでの研究[※1]と韓国での研究[※2]によって，そのリスクが，より具体的に明らかになったのです。

そうなんだ……。

どちらの研究でも，タンパク質の摂取量が多い人ほど，腎臓の機能が低下していることが示されています。
タンパク質の摂取量が最も多いグループは，最も少ないグループと比べて，腎臓の機能の低下が早まるリスクが**1.3倍**になることがわかりました。

1.3倍！
でも高タンパク質食は，減量に効果的でもあるんですよね。どれくらい摂取するのがいいんでしょうか？

※1：Esmeijer, et al. Nephrol Dial Transplant. 2020 Jan 1;35(1):106-115.doi: 10.1093/ndt/gfz015.
※2：Jhee, et al. Nephrol Dial Transplant. 2020 Jan 1;35(1):98-106. doi: 10.1093/ndt/gfz115.

厚労省の「日本人の食事摂取基準」では，**18～64歳の男性**で1日あたり**65グラム**，**女性**で**50グラム**のタンパク質摂取が推奨されています。推奨量の上限は設定されていませんが，目標量の上限として，**1日の摂取エネルギーの20％以下**が設定されています。

20％が上限？　具体的には何グラム以内なら大丈夫ですか。

タンパク質1グラムのエネルギーは約4キロカロリーですから，1日の総摂取エネルギーが2000キロカロリーなら**100グラム**，3000キロカロリーなら**150グラム**以内におさえてくださいということですね。
次のページの表を参考に，食事選びをしてみてください。

はい！　表を参考に，適量の摂取を心がけます。

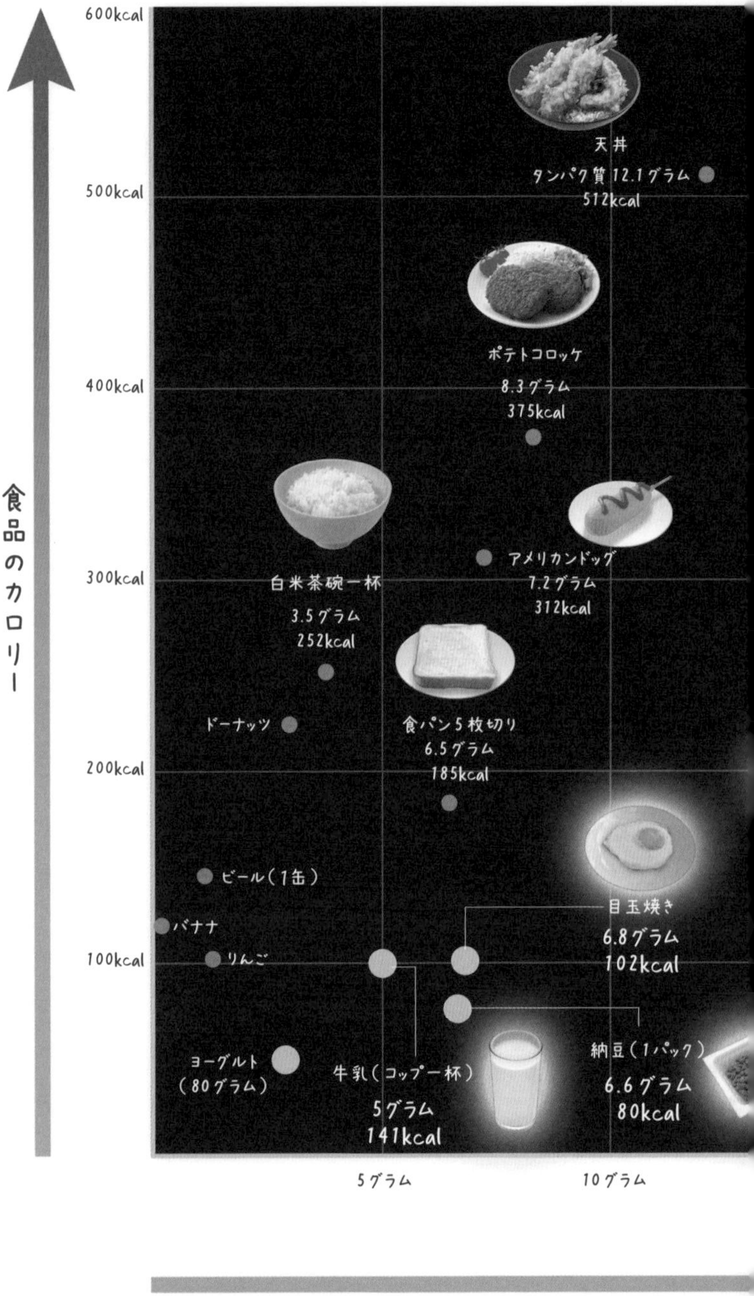
食品のカロリー
600kcal
500kcal
400kcal
300kcal
200kcal
100kcal
天丼
タンパク質12.1グラム
512kcal
ポテトコロッケ
8.3グラム
375kcal
白米茶碗一杯
3.5グラム
252kcal
アメリカンドッグ
7.2グラム
312kcal
ドーナッツ
食パン5枚切り
6.5グラム
185kcal
ビール（1缶）
バナナ
りんご
目玉焼き
6.8グラム
102kcal
納豆（1パック）
6.6グラム
80kcal
ヨーグルト
（80グラム）
牛乳（コップ一杯）
5グラム
141kcal
5グラム
10グラム

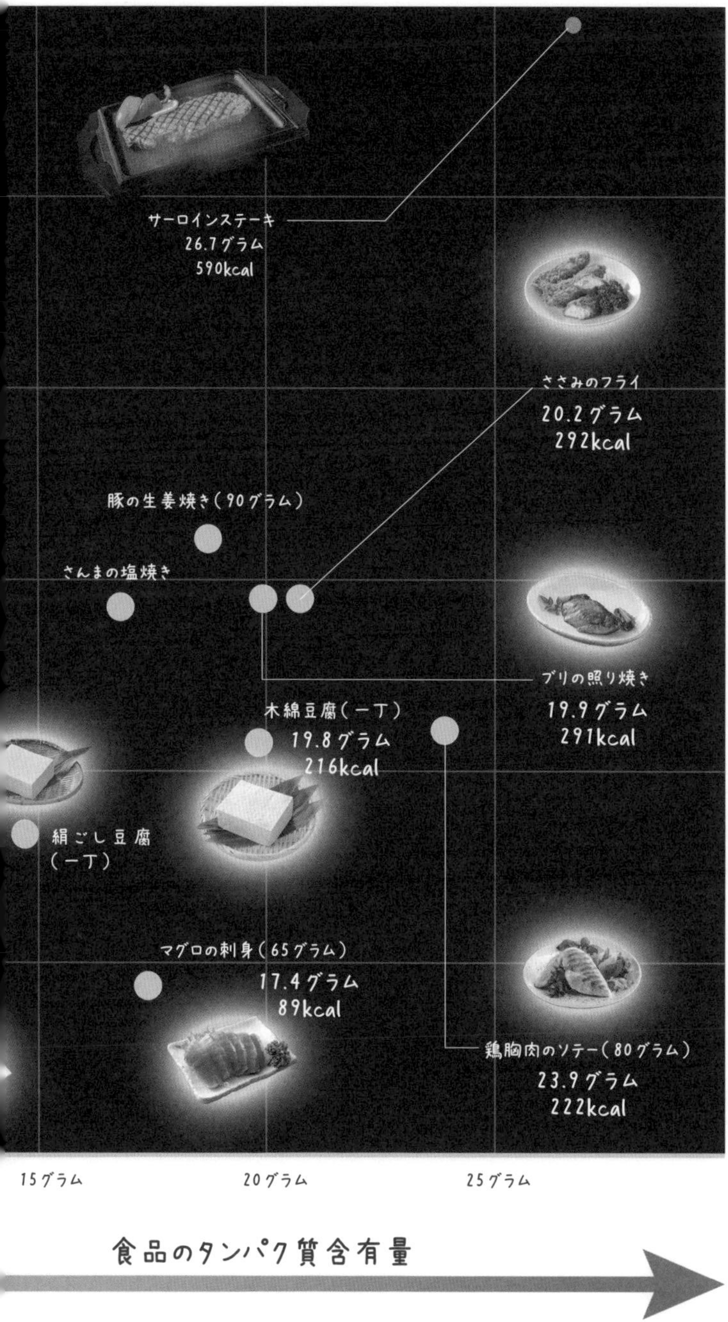
サーロインステーキ
26.7グラム
590kcal
ささみのフライ
20.2グラム
292kcal
豚の生姜焼き(90グラム)
さんまの塩焼き
ブリの照り焼き
19.9グラム
291kcal
木綿豆腐(一丁)
19.8グラム
216kcal
絹ごし豆腐
(一丁)
マグロの刺身(65グラム)
17.4グラム
89kcal
鶏胸肉のソテー(80グラム)
23.9グラム
222kcal
15グラム
20グラム
25グラム
食品のタンパク質含有量

軽い運動と激しい運動を組み合わせると効果的

さて，ここまでは食事による減量のお話をしてきましたが，今度は運動による減量についてご紹介しますね。

運動ですか。あんまりしたくないかも……。

健康的にやせるためには，運動は欠かせませんよ。
食事に気をつけるだけでは，どうしても限界があるんです。

うーむ，じゃあどんな運動がいいんでしょうか？

脂肪を減らすには，**持久的運動**が有効です。
持久的運動というのは，**ウォーキング**や**軽いランニング**のような，それほどきつくなくて長時間つづけられる運動のことです。
持久的運動を長時間行うと，糖質や脂質が大量にエネルギー源として使われるんです。

おー！　糖質や脂質が大量に！
でも，そのためにはランニングなんかを長時間つづけないといけないんですよね？　それは，きついなぁ……。
どれくらいの時間運動しないといけないんでしょうか？

持久的運動をしているときの代謝

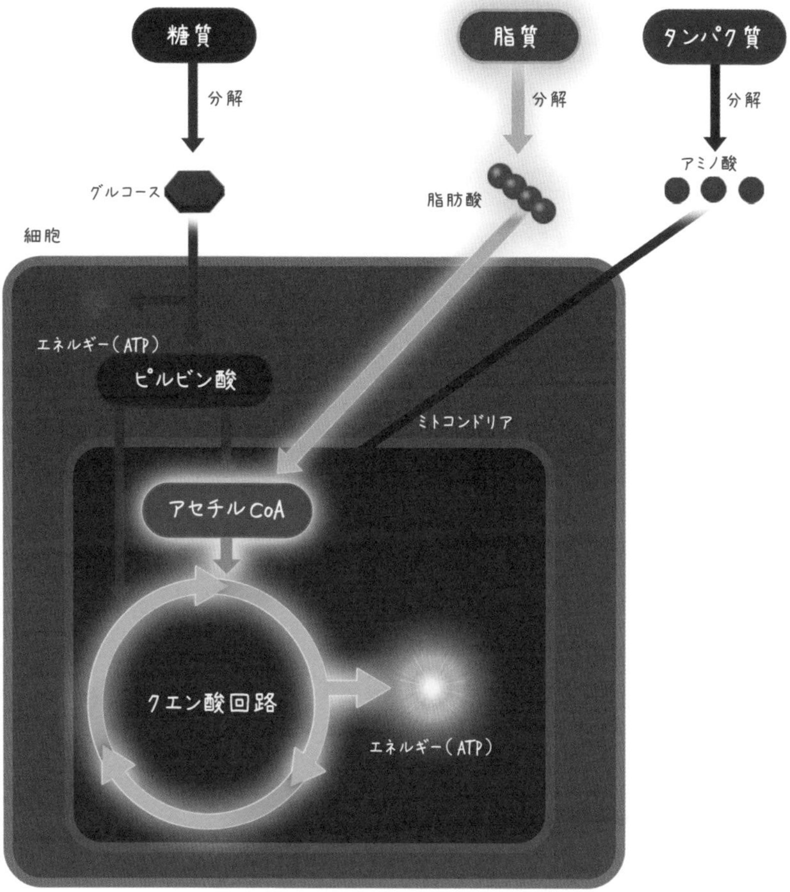

持久的運動を開始すると，体内に蓄積された脂肪が脂肪酸に分解され，筋肉細胞内のエネルギー生産工場であるミトコンドリアの中に入っていきます。脂肪酸はアセチルCoAという分子に変換され，「クエン酸回路」さらには「電子伝達系」というしくみによって，大量のエネルギー（ATP）を合成することに使われます。

かつては「連続20分以下の運動だと脂肪は燃焼しない」などといわれていましたが，これは正しくありません。実際に，**ある研究※では，1日に30分の運動を1回行っても，10分の運動を3回行っても，脂肪燃焼の効果に差はないことが報告されています。**

そうなんだ！ それなら，隙間時間でちょっとずつ運動できるし，体力がない人でも取り組みやすいですね。

はい。忙しくて運動をする時間がとれなくても，歩く距離や歩数を増やすだけでエネルギー消費量は確実に増えるので，ぜひ試してみてください。

いいことを聞きました。軽いウォーキングくらいなら私でも気軽にはじめられるかもしれません。でも先生，やせるためには，重いダンベルを持ち上げるような筋トレが必要なイメージがあります。そのような運動は減量に向かないんですか？

よい質問ですね。筋トレやダッシュ，ジャンプのように短い時間で強い力を発揮する運動は，**高強度運動**とまとめることができます。

高強度運動では，主に糖質がエネルギー源となるため，脂肪の燃焼量はごくわずかです。

脂肪が燃焼されない？

それじゃあ，高強度運動に減量の効果はないんですね……。

※：Miyashita, et al. Am J Clin Nutr. 2008 Nov;88(5):1225-31.doi: 10.3945/ajcn.2008.26493.

高強度運動をしているときの代謝

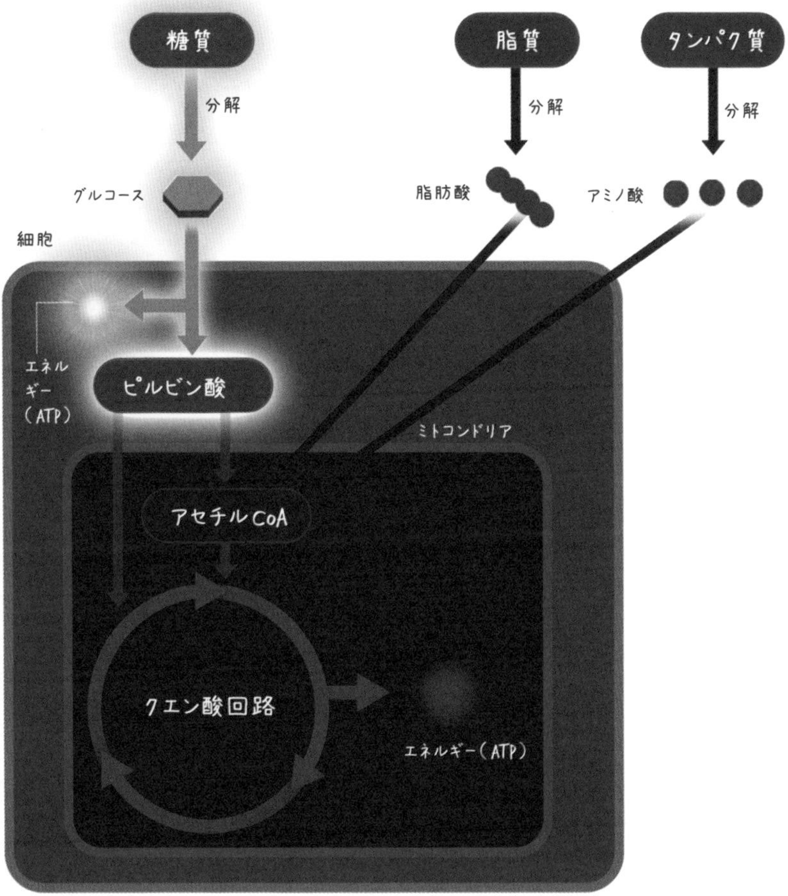

高強度運動では，主にエネルギー源として糖質が使われます。グルコースがピルビン酸に変換される過程ですばやくエネルギー（ATP）がつくられます。

いいえ，そんなことはありませんよ。確かに高強度運動は，みるみる体重が落ちるというような効果は期待できません。しかし，持久的運動にはない大きなメリットがあるんです。

いったいどんなメリットなんですか？

たとえば，**筋トレを持久的運動の前に行うと，持久的運動中の脂肪燃焼効果を高めることができるんです。**
筋トレをすると，脳下垂体から**成長ホルモン**が分泌されます。すると成長ホルモンの作用で脂肪細胞に含まれる中性脂肪が脂肪酸とグリセロールに分解され，**血液中に脂肪酸が放出**されます。

ふむふむ。

この状態で持久的運動を行うと，血液中の脂肪酸が筋肉細胞（筋線維）の中にとりこまれ，エネルギーとして使われます。これにより，脂肪が燃焼されやすい状態で長時間の運動をすることになり，持久的運動だけを行った場合よりも大きな脂肪燃焼効果が期待できるんです。それから，筋トレによって筋肉量が増えれば，基礎代謝量の向上ものぞめます。

なるほど！
筋トレと持久的運動をセットでやればいいんですね。

はい。ただし注意点が二つあります。一つは，特に高齢者にとって，筋トレは血管や関節への負荷が大きく，やり方によっては危険です。
そこでおすすめしたいのが，ゆっくり体を動かす**スロートレーニング**です。

何だか穏やかに取り組めそうなネーミングですね。具体的に，どのようなトレーニングなんですか？

たとえば，イスから3秒かけてゆっくり立ち上がり，3秒かけてゆっくり座るといった動作をくりかえすと，バーベルやダンベルで負荷をかけなくても筋肉を大きくできることがわかっています。
その後，軽くストレッチなどをしてから30分程度のウォーキングを行うとよいでしょう。

へぇ～！
それならジムに行かなくてもできそう。

ぜひ試してみてください。もう一つの注意点は，筋トレにあまり時間をかけないことです。筋トレは，しっかりやれば1セットでもそれなりに筋肉を大きくする効果があります。もちろん1セットよりは3セットの方が効果的ですが，効果が3倍になるわけではありません。筋トレは短時間で集中的に終わらせて，その分持久的運動の時間を増やす方が，減量にはより効果的ですよ。

そうか，筋トレはあまり時間をかけなくても，それなりに効果が得られるんですね。何だか肩の力が抜けました。

女性はやせにくい時期とやせやすい時期がある

減量は男性と女性によって，気をつけるポイントがちがうってご存じでしたか？

えっ，そうなんですか？

はい。もともと男性と女性では，筋肉と脂肪の割合やホルモンの分泌量，かかりやすい病気などがことなることはよく知られていますね。そのため，減量の際に気をつけるポイントも男女でことなる場合があるんです。

たとえばどんな点ですか？

女性には，男性にはない**月経（生理）**の影響があります。月経は思春期から閉経をむかえるまでの30～40年間つづきます。その間，月経周期に応じてホルモンの分泌に大きな変化が生じるのです。

たとえばどのような変化が生じるんでしょうか？

特に月経開始の3～10日前は，女性ホルモンの一種**プロゲステロン（黄体ホルモン）**の分泌が高まり，その影響で体が水分をためこんでむくみやすくなり，体重が増えます。

そのほか，イライラ，抑うつといった精神症状あらわれる**月経前症候群（PMS）**に悩まされる人が多いです。

女性って，男性にはわからない苦労があるんですね。ほんとうに大変そう……。

ええ，とても大変だと思います。
しかし，月経が終わってからは一転，好調な時期をむかえます。ふさぎがちだった気持ちも前向きになり，心身ともに上昇傾向があらわれます。
そして，この時期に分泌のピークをむかえるホルモンが**エストロゲン（卵胞ホルモン）**です。

えすとろげん？

はい。エストロゲンは，卵巣内の卵胞を成熟させて排卵にそなえたり，受精卵が着床しやすいように子宮内膜を厚くしたりするホルモンです。実はこのホルモンには，**脂肪燃焼**を高める効果があるんです。
そのため，月経終了後の1週間は，女性にとって心の面でも体の面でも減量に最適なタイミングだといえます。

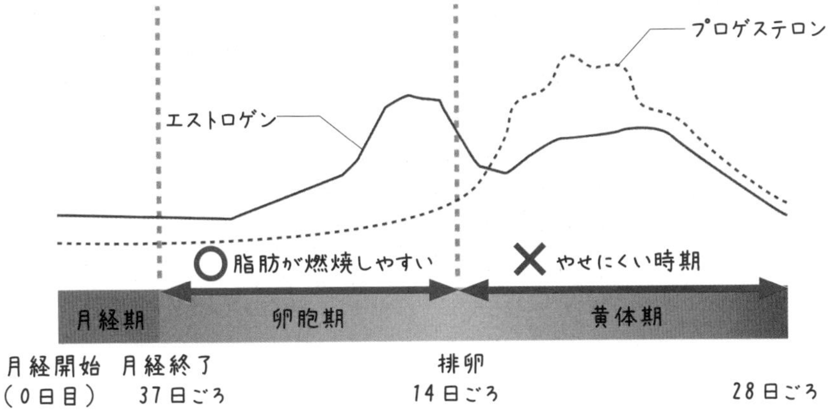

なるほど，女性はこの時期に減量するほうがいいんですね。
では私たち男性の場合はどうなんですか？

男性は，精巣から男性ホルモンとも呼ばれる**テストステロン**が分泌されています。テストステロンには，男性生殖器を発達させる作用に加え，筋肉量や骨量を増やしたり，体毛を成長させたりする作用があります。**このため，男性は女性にくらべて筋トレの効果がでやすい傾向があります。**

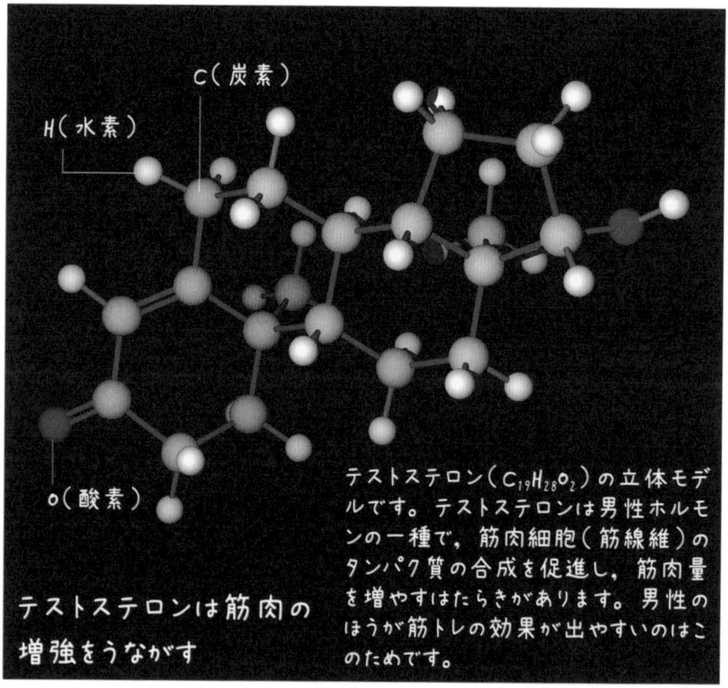

テストステロンは筋肉の増強をうながす

テストステロン（$C_{19}H_{28}O_2$）の立体モデルです。テストステロンは男性ホルモンの一種で，筋肉細胞（筋線維）のタンパク質の合成を促進し，筋肉量を増やすはたらきがあります。男性のほうが筋トレの効果が出やすいのはこのためです。

へぇ，女性よりも筋トレ効果が高いんですね。

一方で，男性ホルモンの影響により，男性は女性にくらべて**内臓脂肪**をためこみやすいようです。特に中年になると基礎代謝量が低下するので，余ったエネルギーが内臓脂肪になりやすいんですよ。

中年になると，お腹がぽっこり出てくるっていいますもんね。私も気をつけないと！

太ってしまう原因は，当然ながら一人一人ことなります。男女のちがいというのも平均的な傾向の話であって，性別だけですべてが決まるわけではありません。
しかし男性の場合は**目標体重**を決め，食事によるエネルギー摂取量と，運動によるエネルギー消費量を計算し，そのバランスを把握することで，減量に成功するケースが多いようです。

ふむふむ。

女性の場合は食事の時間，食事の量，おやつの食べ方，運動時間など1日の**生活行動パターンの約束事**を決め，それを守るというやり方だと減量に成功しやすいといわれています。まずはこれらのやり方を試してみて，細かいところを自分にあうように少しずつ変えていくと，効果的な減量法がはやくみつかるのかもしれません。

なるほど。性別も加味し，自分にあった減量方法をみつけることが大切なんですね！

減量Q＆A

Q. 部分やせは可能？

部分やせは，基本的にはできません。脂肪細胞から放出された脂肪酸は，血液を介して全身に届けられます。使われずに余った脂肪酸は，空きのある脂肪細胞に戻されて，また中性脂肪として蓄えられます。このようなしくみを考えると，どこか特定の部位の脂肪細胞だけがやせている（または太っている）という状況は不自然で，ありそうもないとわかります。二の腕，あるいは足，お腹などを物理的に圧迫すると，一時的にその部位から脂肪酸が放出される可能性はありますが，使われなければまた元の部位にとりこまれ，中性脂肪として蓄えられることになるでしょう。

Q. 市販のダイエットサプリは効果がある？

市販のダイエットサプリには，臨床試験によって体重減少効果が認められたものもありますが，薬ではないため効果や副作用が十分に確かめられているわけではありません。また，利尿剤や下剤に似た作用で体重を減らすものもあり，必ずしも体脂肪の減少をもたらすわけではありません。

Q. 減量中のアルコールは太る？

減量中のアルコールはあまりおすすめできません。アルコールは１グラムが７キロカロリーあり，醸造酒であればアルコールだけでなく糖質も含んでいます。ビールとジュースのカロリーはだいたい同じくらいです。それ以外のお酒はさらに高カロリーです。また，アルコールには食欲を高める効果があるので，「太る原因はお酒よりもおつまみ」ということもよくいわれます。

Q. 太りすぎの子供に減量させるべき？

子どものうちは肥満であっても食事制限をしないことが基本です。もし，肥満の原因となっている疾患がある場合は，その治療によって肥満も解消されることが期待できます。体重は成長曲線の正常範囲に入ることが目標となります。成長にともなって身長がのびると，自然と成長曲線の正常範囲に入ってくることもよくあります。

健康のためにやむをえず子どもに減量をさせる

場合にも，食事を楽しむこと，毎日60分以上体を動かすようにすることなどを意識してもらうとよいでしょう。生活習慣改善の具体的な方法として，①毎日の体重測定と記録，②生活自己管理のチェックリストの見直し，③朝食をきちんと食べる，④給食ではおかわりをしない，⑤夜食は食べない，⑥ジュースを飲まない，⑦おやつの量を守る，⑧スクリーンタイムの設定，⑨家の手伝いをする，の9項目があげられます。

2時間目

やせるために知っておきたい代謝のしくみ

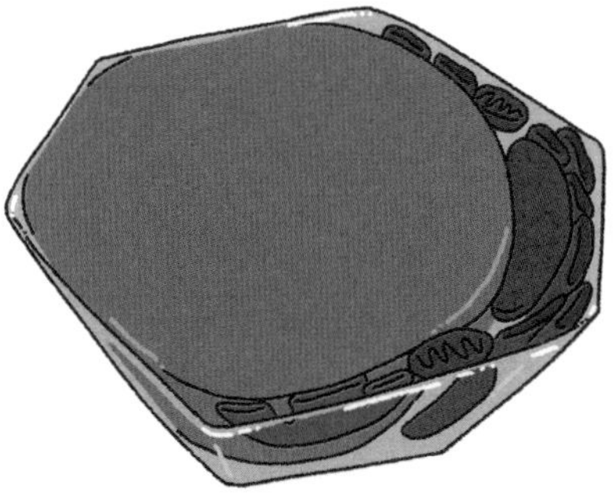

STEP 1

代謝って何？

肥満のしくみや，減量方法を理解するうえで，「代謝」についての知識は欠かせないものです。私たちの体を動かすもとになる栄養素や，消化，吸収，代謝について，みていきましょう。

栄養素の代謝とは

さて，健康的にやせるためには，私たちが食事によって取り入れた**栄養素**が，どのように体の中で**代謝**されているのかを知ることが大切です。

栄養素の代謝ですか。

私たちは体の外から栄養素を取り入れて，それを利用することで，生命を維持しています。たった1枚のトーストから豪華なフルコースにいたるまで，どんな食事の中にも栄養素は含まれています。

栄養素って具体的にはどういうものがあるんですか？

栄養素は**炭水化物，脂質，タンパク質，ビタミン，ミネラル**の五種類に分けることができます。
これを**五大栄養素**といいます。

食べ物に含まれる五大栄養素

イラストでは，食事に含まれる五大栄養素をえがきました。これらの栄養素のうち，三大栄養素（炭水化物，脂質，タンパク質）は私たちの体を動かすエネルギー源になったり，体をつくるための材料になったりしています。

そのうち**炭水化物，脂質，タンパク質**は体を動かすエネルギー源になったり，体をつくるための材料になったりしているため，特に**三大栄養素**といいます。

五大栄養素と三大栄養素ですね。それぞれの栄養素は体の中で使われ方がちがうんですか？

くわしくはSTEP2でお話ししますが，ここでは簡単にそれぞれの栄養素について紹介しておきましょう。
まず**炭水化物**は，さまざまな種類の**単糖**からなる栄養素です。体の主な**エネルギー源**となります。

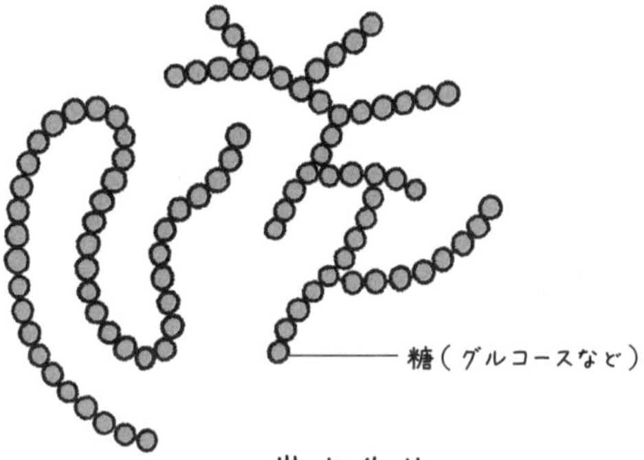

炭水化物
米やパン，めん類などに多く含まれる栄養素。炭水化物は，グルコース（ブドウ糖）などの糖（単糖）の分子が，上の図のように数十〜数万個つながったもの。

五大栄養素
三大栄養素
炭水化物
タンパク質
脂質
ビタミン
ミネラル
MILK

炭水化物っていうと，ご飯やパンに多く含まれているイメージです。

はい，そのとおりですね。ほかにも砂糖や麺類，イモなどに多く含まれています。
次に**タンパク質**は，20種類の**アミノ酸**という分子からなる栄養素です。体をつくる主な材料となります。

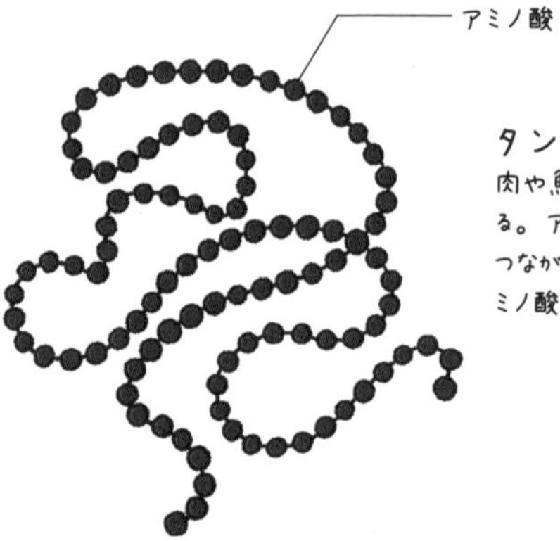

タンパク質
肉や魚，卵，大豆などに多く含まれる。アミノ酸の分子が数十～数千個つながったもの。タンパク質をつくるアミノ酸は，20種類ある。

タンパク質というと，お肉のイメージです。

そうですね。
肉には多くのタンパク質が含まれています。

タンパク質は私たちの筋肉や髪の毛など，さまざまな部分の材料となっています。
さて，**脂質**は，**脂肪酸**からなる栄養素です。非常時のエネルギー源として体にたくわえられるほか，細胞膜の成分でもあります。

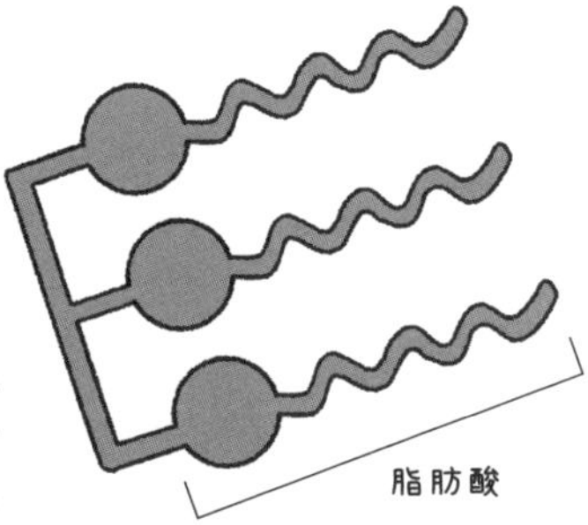

脂質
油や乳製品に多く含まれる。炭素原子が数個～二十数個つながった「脂肪酸」が基本単位。脂肪酸が三つ組み合わさった「中性脂肪」が主な成分。

脂質って，何となく体に悪いイメージがあるんですけど……。あまり，とらない方がいいんでしょうか？

とんでもありません！
脂質は細胞膜の構成成分でもあり，生きていくために欠かせない栄養素です。
確かにとりすぎは肥満の原因になりますが，まったくとらないのもよくありません。

なるほど〜。

ビタミンは，必要な量は少ないものの，かならず食べ物からとらなければならない栄養素です。
そして，**ミネラル**は，体に存在する元素のうち，炭素，酸素，水素，窒素以外の，微量な元素です。

私たちは食べ物からいろんな栄養素を吸収しているんですね。

はい。
ただし，これらの栄養素は通常，いくつもの分子がつながった高分子化合物として食べ物に入っているため，そのままでは体内に取りこむことはできません。
栄養素を吸収するためには**小さく分解**することが必要で，そのはたらきを**消化**といいます。栄養素は小腸などの消化管にある**酵素**のはたらきによって，より単純な形に分解され，体へ吸収されるんです。

なるほど。
口からとり込んだ食べ物を消化管にある酵素が細かく分解してから，体内に吸収しているんですね。

ええ。このように，栄養素が分解されて小さくなったり，別の物質に変わったりする際にはエネルギーが放出されます。このような過程を，専門用語で**異化**といいます。

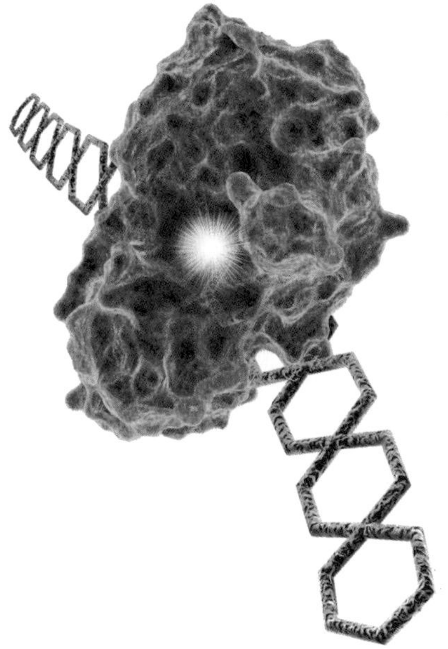

栄養素を分解してエネルギーを取り出すことを，異化というわけですね。

はい，そのとおりです。
分解された栄養素の一部は，その後，より複雑な分子を合成することに利用されます。例えば，アミノ酸からはタンパク質が，グルコース（ブドウ糖）からはグリコーゲンが合成されるのです。
このように，小さく単純な分子から，大きく複雑な物質がつくられることを**同化**といいます。

分解することが異化で，合成することが同化。真逆の反応ですね。

そのとおりです。この異化と同化のはたらきを合わせて**代謝**とよんでいます。代謝のしくみを知ることは，肥満や減量について考えるうえで欠かせません。

ポイント!

消化

酵素のはたらきにより食べ物を単純な分子に分解し，体内に吸収できる状態にすること。

代謝

栄養素を分解してエネルギーを取り出す「異化」と，そこから再び大きく複雑な物質をつくりだす「同化」を合わせたものを指す。

中性脂肪を貯蔵する「脂肪細胞」のしくみ

栄養素のうち，炭水化物，脂質，タンパク質の三大栄養素は，肥満や減量と深く関係しています。
炭水化物と脂質，タンパク質はいずれもエネルギー源となりますが，これらをとりすぎたために余ってしまったエネルギーのほとんどは，中性脂肪という形で体にたくわえられるのです。

そうやって，中性脂肪がたくさん蓄積された状態が肥満ですね。
そういえば，中性脂肪ってどうやって体内にたくわえられているんでしょうか？

中性脂肪は，細胞の中に貯蔵されます。中性脂肪を蓄積する役割の細胞を**白色脂肪細胞**といいます。

脂肪を蓄積する細胞ですか……。
そんな細胞，どこにあるんですか？

白色脂肪細胞は，皮下脂肪として，全身の皮膚の下に存在しています。そのほかに内臓脂肪や異所性脂肪もありますから，どこにでもあると考えたほうがよいですね。
その数は，一般的な成人で**250～300億個**にもなるようです。

そんなにたくさん!?

白色脂肪細胞って，普通の細胞とはちがうんですか？

白色脂肪細胞にも通常の細胞と同じように，**細胞核**や**ミトコンドリア**といった細胞内小器官が存在しています。しかし白色脂肪細胞の体積の大部分は，中性脂肪からなる**脂肪滴（油滴）**で占められています。

A. 平均的な人の白色脂肪細胞

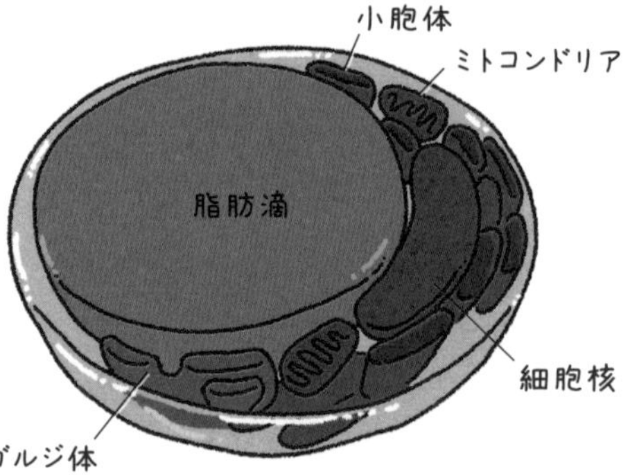

ほとんどが“貯蔵庫”にあてられている感じなんですね。

はい。白色脂肪細胞は，平均すると直径約**0.08ミリメートル**の球形をしていますが，中性脂肪が蓄積されると脂肪滴が大きくなってどんどんふくれあがります。細胞の直径は最大で**0.13ミリメートル**にもなるんです。

B. 肥満の人の白色脂肪細胞

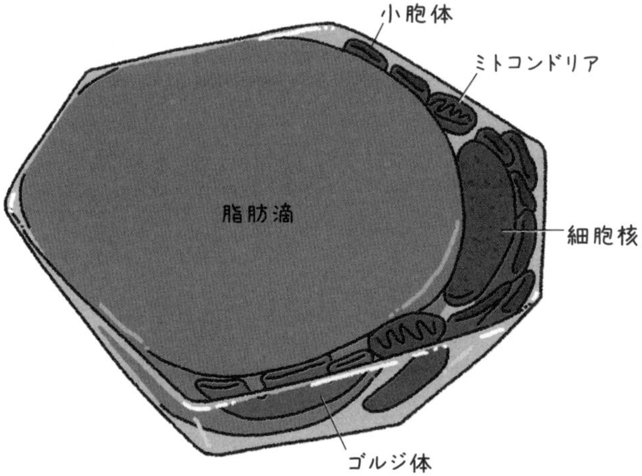

肥満の人の白色脂肪細胞は，標準体重の人の白色脂肪細胞とくらべて，直径で1.2～1.6倍，体積で2～4倍にもなる。

そんなに大きくなるんですか!?

白色細胞脂肪の体積は最大で**4倍**くらいまで大きくなる計算ですね。

肥満の人は，1個1個の白色脂肪細胞が太っているんですね……。

軽度な肥満の段階では，一つ一つの白色脂肪細胞がふくらむことで中性脂肪をため込んでいます。**ところが，白色脂肪細胞のふくらみには限度があるわけですから，さらに肥満が進むと，白色脂肪細胞の数自体もふえると考えられます。**

数も増えるんですか！
あわわ，体の中が脂肪細胞でギッチギチに……。

想像すると，ちょっと怖いですよね。
ちなみに，私たちは実際に中性脂肪をため込んだ白色脂肪細胞を見たことがあるんですよ。

えっ。そうなんですか？

霜降りの牛肉ステーキを食べたことはありますか？

あります！　ほんとうに一度だけ，上司にごちそうしてもらったことが……。
あれはおいしかったなぁ。

それです！
いわゆる**霜降り**の牛肉は，筋肉細胞（筋線維）の隙間にある白色脂肪細胞が増殖して，たくさんの中性脂肪をため込んだ状態なんですよ。

へぇ〜！
あの白いところが白色脂肪細胞だったんですね。

脂肪を消費して熱にかえる脂肪細胞もある

実は中性脂肪を内部に多くたくわえている細胞は，白色脂肪細胞だけではないんです。

えっ，そうなんですか？

体の中には，**褐色脂肪細胞**という細胞も存在します。**白色脂肪細胞の主な役割はエネルギー源となる脂肪をたくわえることでしたが，褐色脂肪細胞は，脂肪を消費して熱にかえるはたらきをするのです。**
もしこの細胞を活性化できれば，肥満解消の切り札となるかもしれません。

肥満解消の切り札？
すばらしい響きですね！

褐色脂肪細胞は，その名のとおり褐色で，白色脂肪細胞と同じく内部に脂肪滴を含んでいます。ただし，褐色脂肪細胞の脂肪滴は，白色脂肪細胞のように大きなものが一つあるのではなく，**複数**に分かれて存在しています。

ふむふむ。

また，細胞内小器官の一種である**ミトコンドリア**の数が多いのも，褐色脂肪細胞の特徴です。その数の多さが褐色脂肪細胞の役割をあらわしています。

数が多いと，いったいどうなるんですか？

褐色脂肪細胞に存在するミトコンドリアは，脂肪を消費して熱にかえる能力が発達しています。その発熱能力はすさまじく，同じ重さで比べると**筋肉（骨格筋）の100倍**にもなるといわれているんです。

褐色脂肪細胞

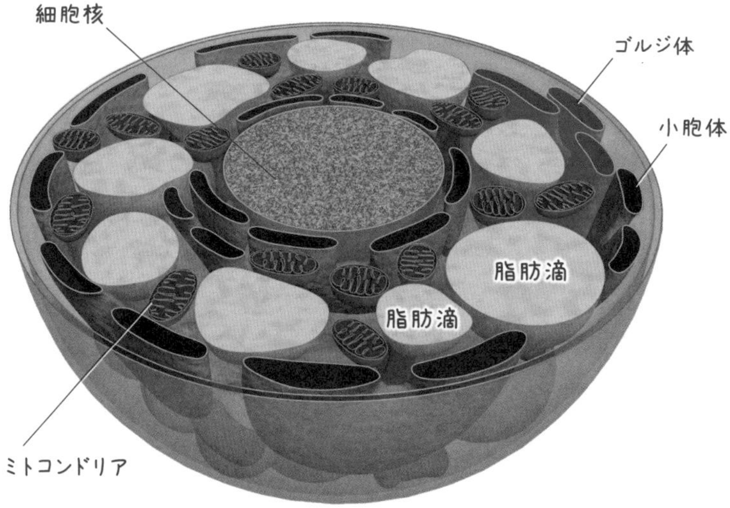

白色脂肪細胞が白色なのに対して，褐色脂肪細胞は，その名のとおり，褐色である。

100倍!?
すごすぎて，ちょっと想像がつかないです。

おどろきですよね。
褐色脂肪細胞の数は，新生児のころが最も多いことがわかっています。
自分の体を満足に動かせない（筋肉からの熱の発生が少ない）新生児が，体を動かすことなく熱を発生させ，体温を保つのに，褐色脂肪細胞が役立っていると考えられています。

へぇ～！　そういえば友人に生後間もない赤ちゃんを抱っこさせてもらったとき，ぽかぽかだったのを覚えています。褐色脂肪細胞のおかげなんですね。

褐色脂肪細胞が多く存在するのは，肩甲骨の周辺や胸部などですが，成長するにしたがって熱をつくる能力が失われ，白色脂肪細胞に変わってしまいます。
従来，褐色脂肪細胞は，成人にはほとんど存在しないと考えられていました。**しかし近年の研究では，成人でも，ある程度の数の褐色脂肪細胞が残っていることがわかってきたのです。**

ということは，私にもあるんですね！

ええ。**また興味深いことに，血糖値が正常な人は，褐色脂肪細胞の数が多いというデータもあるそうです。**さらに，実験で被験者を低温にさらすと，褐色脂肪細胞が活性化するという研究報告もあります。

おぉ〜。いろいろわかってきているんですね。

はい。ただ，寒くても褐色脂肪細胞が活性化しない人がいて，その割合は年齢とともに増えていくようです。
このことによるエネルギー消費量の減少が，**中年太り**の原因の一つである可能性も否定できません。

そうなんだ……。でも先生，それは言いかえると，褐色脂肪細胞をどうにかして活性化させることができれば，肥満の予防や減量に効果があるということではないですか？

そのとおりです！
もし褐色脂肪細胞の数を増やしたり，あるいは通常よりも活性化させたりすることができれば，運動をしなくてもエネルギー消費量が増え，結果的に肥満の解消に役立つ可能性があります。
このため多くの研究者が褐色脂肪細胞に注目して，研究を進めているのです。

やっぱり！
よい方法が見つかってほしいです。

さらに近年では，白色脂肪細胞と褐色脂肪細胞の中間的な性質をもった**ベージュ脂肪細胞**が発見され，注目を集めています。

ベージュ脂肪細胞は褐色脂肪細胞ほどではないものの，ミトコンドリアを多くもち，脂肪を消費して熱を発生させるはたらきをします。
褐色脂肪細胞とのちがいは，白色脂肪細胞が多く集まった脂肪組織の中に混在している点です。

ベージュ脂肪細胞と白色脂肪細胞が一緒にいるってことですか？

というよりも，ベージュ脂肪細胞は，白色脂肪細胞，あるいはその前段階の細胞から**分化**してできるようです。

白色脂肪細胞がベージュ脂肪細胞になるってことなんですね。

マウスを使った実験では，4℃という低温の環境下で飼育をつづけると，白色脂肪細胞がベージュ脂肪細胞へと変化したといいます。
つまり**ベージュ脂肪細胞**は，褐色脂肪細胞よりは簡単に数をふやせる可能性があります。

なるほど。ベージュ脂肪細胞をふやすことは肥満対策として，有望といえそうですね。

はい。ただし白色脂肪細胞がベージュ脂肪細胞にかわるしくみについては，よくわかっていないことが多く，今後の研究が期待されています。

栄養素は小腸で吸収される

さて質問です。
食べ物を吸収するところはどこでしょう？

吸収？
そんなの胃に決まってるじゃないですか。

残念！　不正解です。

えっ!? 胃の役割は，食べたものを吸収することじゃないんですか？

栄養素が消化・吸収される主な場所は，小腸になります。胃にも消化・吸収の役割は少しだけありますが，基本的に栄養素を保管しておく貯蔵所のような場所なのです。

胃は吸収する場所ではなく，ためる場所なんですね。

はい。人間は，かぎられた時間にまとまった量の食事をとる生活をしています。**胃の役割は，この短い時間に取りこまれた食べ物をいったんたくわえて，少しずつ小腸に送りだすことなんです。**

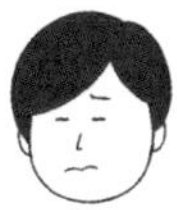

なるほど。
胃で吸収してると思っていたんだけどなぁ……。

私たちは胃を切りとられても生きていけますが，ほとんどの栄養素を消化・吸収する小腸が切り取られたら，生きてはいけないんですよ。

確かに，上司が胃を切り取る手術をしましたけど，職場復帰して，変わらずはたらいていますね。
では，小腸での消化はどのように行われるんですか？

小腸一部で胃と接している**十二指腸**には，膵臓から**膵液**が分泌されています。この膵液の中には炭水化物，タンパク質，脂質を分解してくれる酵素がすべて含まれています。

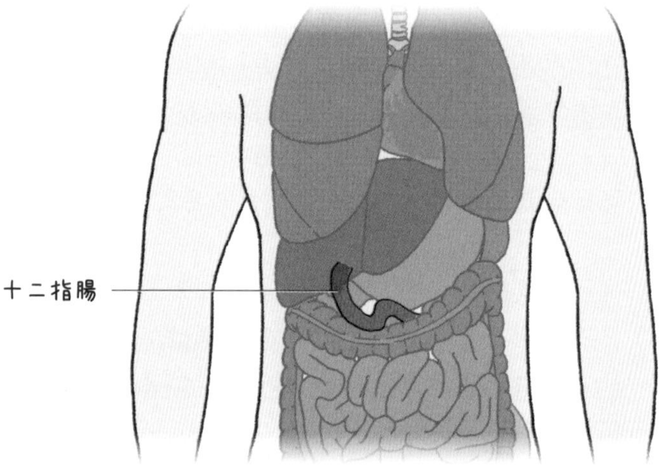

ふむふむ。

そして分解された栄養素は小腸の壁から吸収されていきます。小腸にはたくさんひだがあって，そのひだを拡大してみると，無数の小さな毛，**絨毛**におおわれています。こうして，表面積を大きくすることで，効率よく栄養素を吸収できるようになっているんですね。その面積は，**テニスコート1面分（約200平方メートル）**にもなるといわれています。

そ，そんなに広いの!?
それだけのものが自分のお腹の中におさまっているなんて……！

驚きですよね。
ちなみに炭水化物とタンパク質は，膵液の消化酵素に分解されたのち，さらに細かく分解されます。

そうなんですか？
もっと小さくしてから吸収するってことでしょうか。

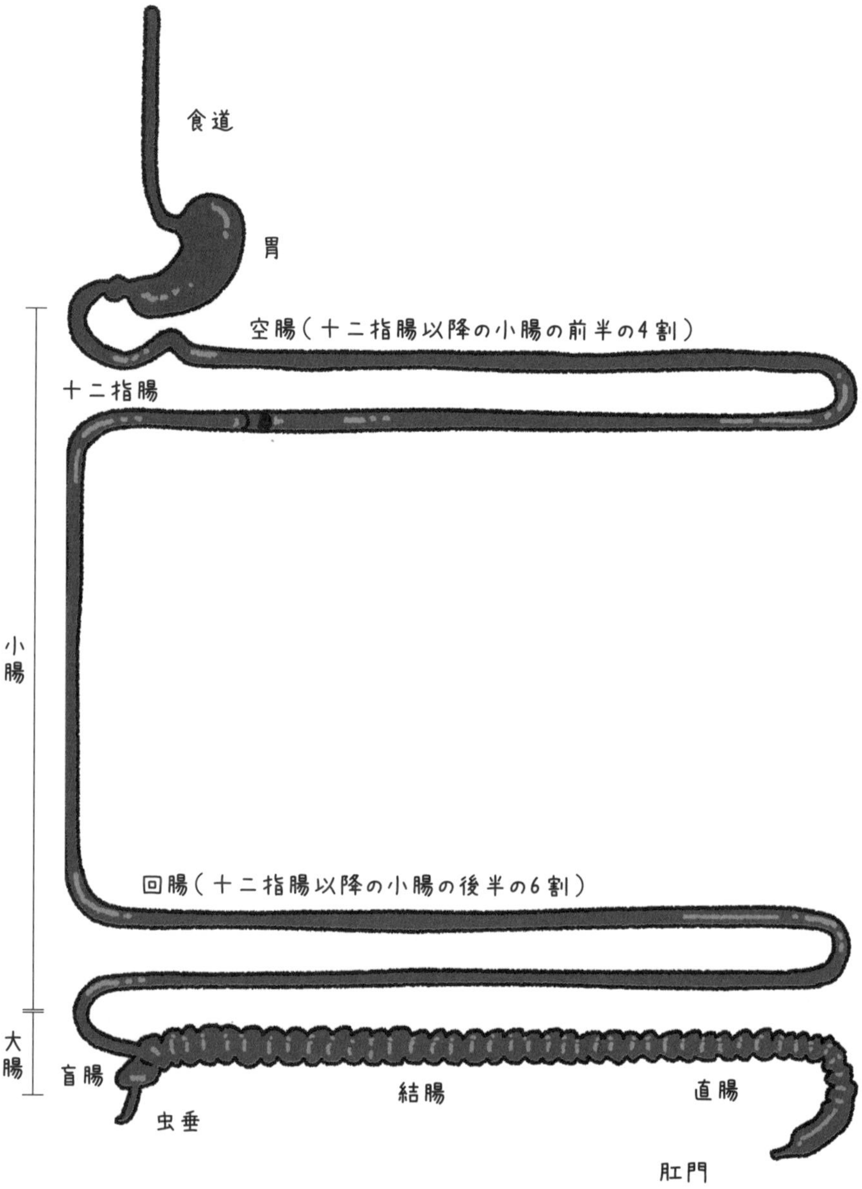
食道
胃
空腸（十二指腸以降の小腸の前半の4割）
十二指腸
小腸
回腸（十二指腸以降の小腸の後半の6割）
大腸
盲腸
虫垂
結腸
直腸
肛門

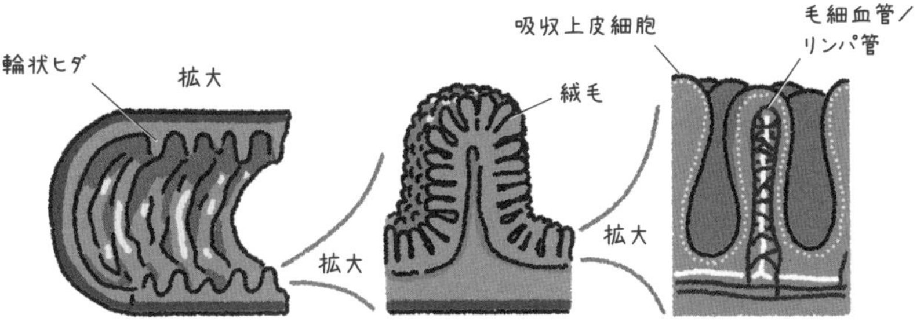

1．空腸
外径約4センチ

2．内部のヒダ
高さ約8ミリ

3．絨毛
高さ0.5 ～1.5ミリ

そのとおりです！
炭水化物やタンパク質は小腸の粘膜から分泌される**消化酵素**によってさらに細かい単位（炭水化物は１個の単糖，タンパク質は１～３個のアミノ酸）にまで分解されてから，吸収されるのです。

へぇ～。
そこまで小さくなって，やっと吸収できるんですね。

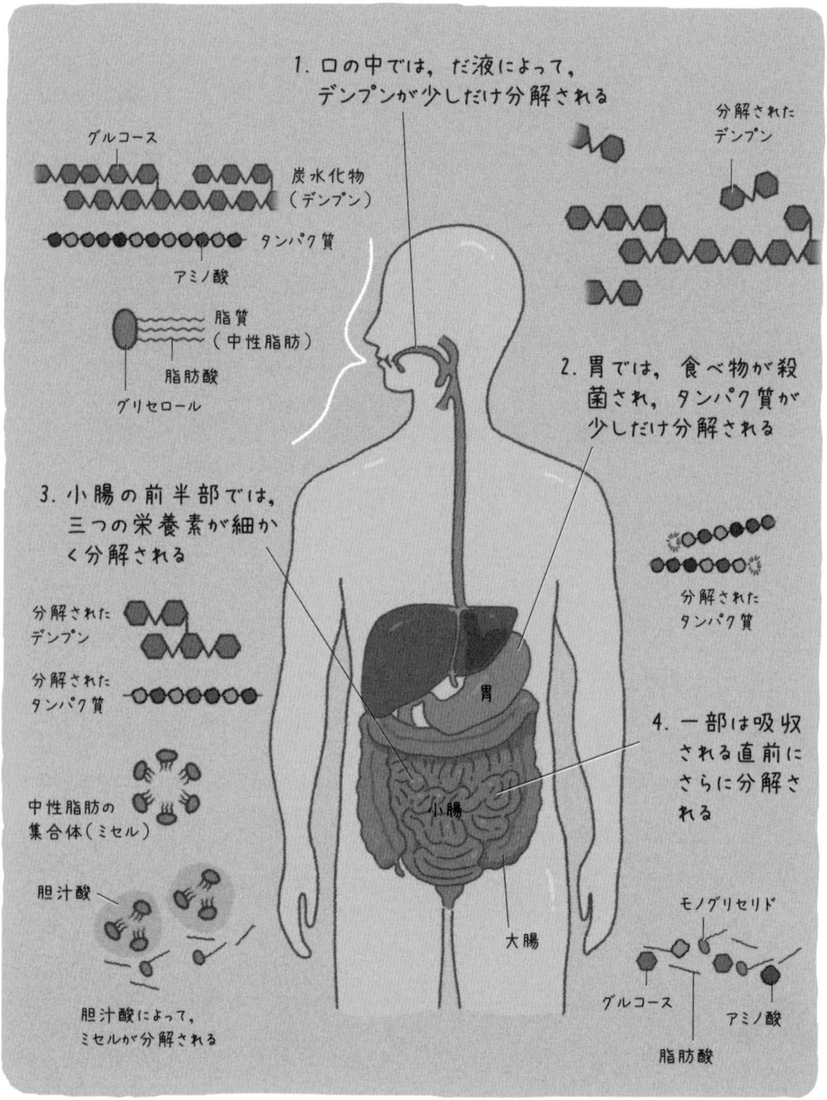
1. 口の中では，だ液によって，
デンプンが少しだけ分解される
グルコース
炭水化物
（デンプン）
タンパク質
アミノ酸
脂質
（中性脂肪）
脂肪酸
グリセロール
分解された
デンプン
2. 胃では，食べ物が殺
菌され，タンパク質が
少しだけ分解される
3. 小腸の前半部では，
三つの栄養素が細か
く分解される
分解された
タンパク質
分解された
デンプン
分解された
タンパク質
胃
4. 一部は吸収
される直前に
さらに分解さ
れる
中性脂肪の
集合体（ミセル）
小腸
胆汁酸
大腸
モノグリセリド
胆汁酸によって，
ミセルが分解される
グルコース
アミノ酸
脂肪酸

腸内細菌と代謝の関係

小腸で栄養素を吸収された食べ物の残りかすや水分は，大腸に送られます。

大腸では**便**がつくられるんですよね!?

ええ，そうです。
実は，大腸で便がつくられる間に，消化酵素にたよらない“消化”がおきています。

消化酵素にたよらない消化？

それは**腸内細菌**による消化です。
腸内細菌が，水に溶けるタイプの食物繊維など，消化・吸収しきれなかった栄養素の一部を消化しているのです。

腸内細菌が!?

ええ。
腸内細菌は，ヒトには分解できない食物繊維を分解して単糖に変え，それを自らのエネルギー源にしています。
その過程で副産物として，**酪酸**などの短鎖脂肪酸（炭素数2～4個の短い脂肪酸）がつくられます。
これらは主に大腸の細胞が粘液をつくったり水分を吸収したりするためのエネルギー源として使われています。

腸内細菌が食物繊維を分解してつくった物質の一部を私たちが利用させてもらっているんですね。

はい，そういうことです。
ほかにも，ものすごい種類と量の物質が腸内細菌によってつくられており，それらは免疫系の強化，ビタミンの合成などさまざまな役割をはたしています。

腸内細菌って，すごい！
なんでもつくりだす万能工場みたいですね。

さらに腸内細菌は，神経伝達物質であるセロトニンやドーパミンを合成しています。これらが自律神経系の活動を調節することで，私たちの感情や行動にはたらきかけていることがわかってきました。

腸内細菌って私たちの体に欠かせない存在だったんですね。

そうですよ。
それから，1時間目にお話ししたとおり，最近では，腸内細菌のバランスが肥満や健康に大きくかかわっていることも明らかになりつつあります。
そのきっかけの一つになったのが，アメリカ，ワシントン大学のジェフリー・ゴードン博士らが2006年に発表した研究成果※です。
ゴードン博士らは，「腸内環境を改善することで，肥満を防ぐことができる可能性がある」ということを，はじめて明確に示したんです。

肥満を防ぐ？
いったいどんな研究結果だったんですか。

ゴードン博士らの研究では，肥満のヒトの腸内には**バクテロイデス門**というグループの細菌にくらべて，**ファーミキューテス門**というグループの細菌が多いことがわかりました。

※：Turnbaugh P, Ley R, Mahowald M, et al. Nature 444 , 1027–1031 (2006) .doi: 10.1038/nature05414

肥満の人と肥満ではない人の腸内細菌を比較

円グラフは，日本で行われた腸内細菌の研究の結果です。BMIが20未満の23人を「肥満ではない」，25以上の33人を「肥満」とし，それぞれの腸内細菌の構成を分析すると，肥満の人のほうがバクテロイデス門を基準としたときのファーミキューテス門の割合（F/B比）が高くなりました。
ファーミキューテス門には食べ物からエネルギーを取りだすはたらきをする細菌が多い一方，バクテロイデス門には脂肪の燃焼にかかわる細菌が多くいます。したがって，F/B比は太りやすさと関係があるのではないかと考えられています。

グラフ出典：Kasai, et al. BMC Gastroenterology 2015; 15:100 doi: 10.1186/s12876-015-0330-2

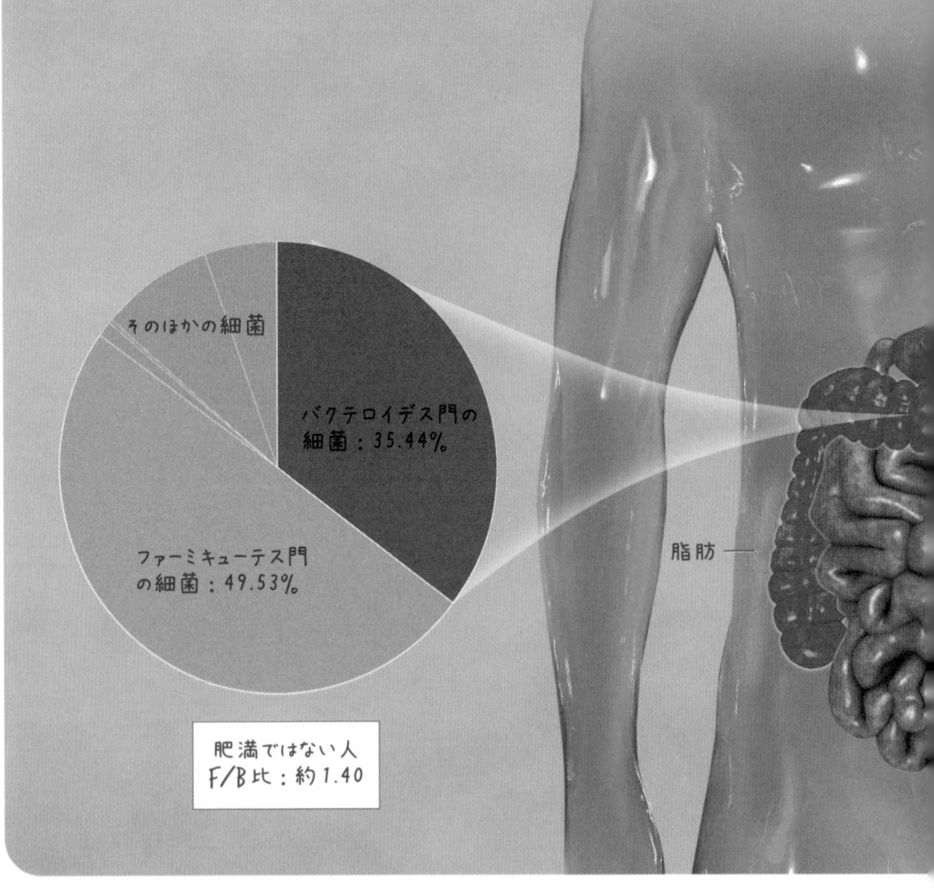

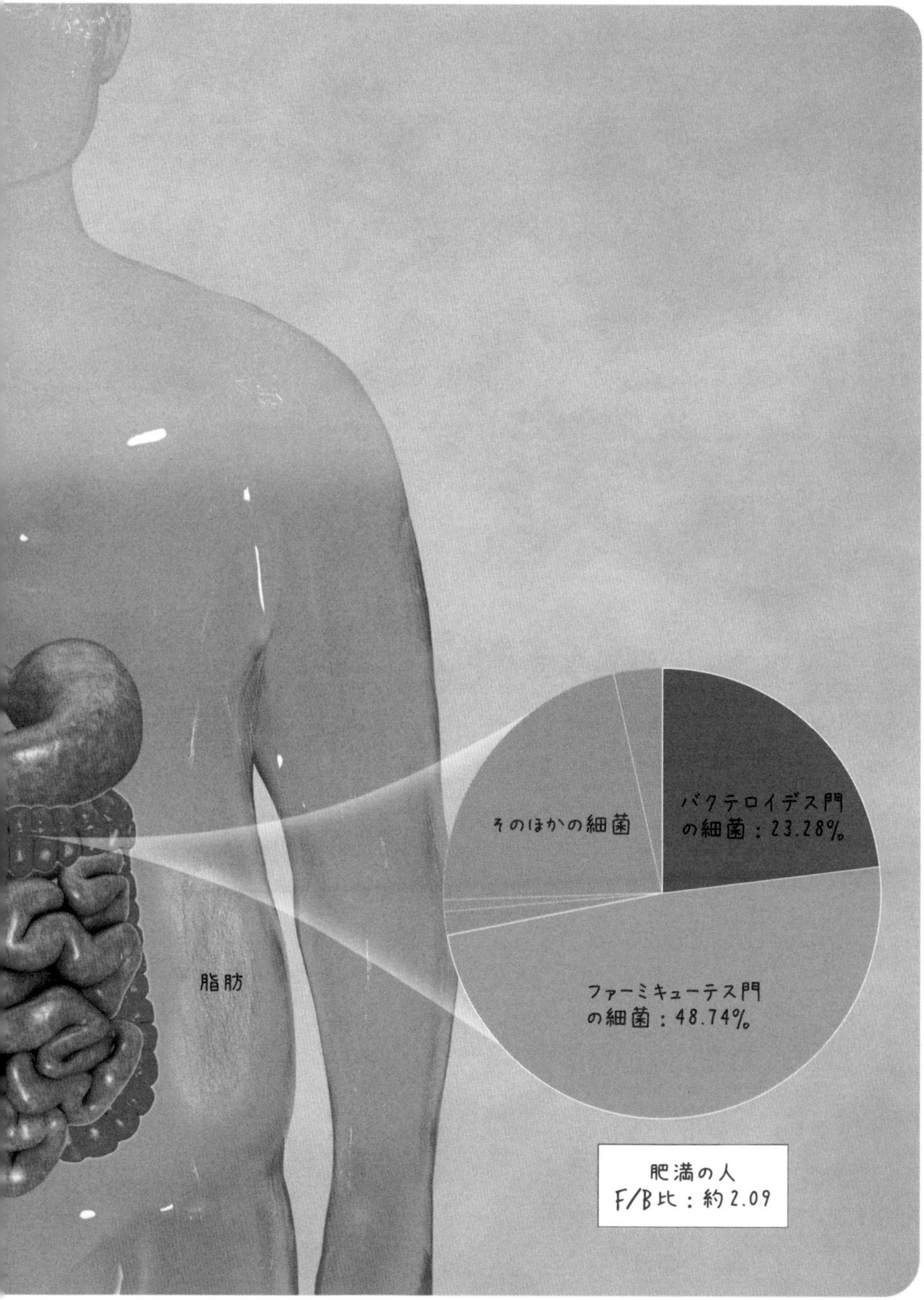
脂肪
そのほかの細菌
バクテロイデス門
の細菌：23.28%
ファーミキューテス門
の細菌：48.74%
肥満の人
F/B比：約2.09

ばくて……，ふぁーみゅき……？
と，とにかく肥満の人に特有の，腸内細菌の割合があるってことですね！

はい。さらに，ゴードン博士らは，肥満マウスとやせ型マウスのそれぞれから腸内細菌を取りだし，無菌マウス（抗生物質を投与して腸内細菌を除去したマウス）に移植しました。
すると，肥満マウスの腸内細菌を移植した場合は太り，やせ型マウスの腸内細菌を移植した場合には太らないことがわかったのです。

へぇ！　腸内細菌の種類が，太り具合に何らかの影響をあたえているってことなんですね。

そうです。現在では，バクテロイデス門を基準としたときのファーミキューテス門の割合は**F/B比**とよばれ，その値が高い人ほど肥満になりやすいと考えられています。

F/B比が高いほど太りやすいんですね。
興味深いです。

肥満と腸内細菌の研究はまだまだこれからです。腸内細菌の割合はどの程度変えられるのか，腸内細菌の割合が変わることで本当に肥満が解消されるのかなど，まだよくわからないことがたくさんあります。

今後の研究しだいでは，腸内細菌を食品などの形で摂取することで，肥満や糖尿病の予防や治療ができるようになるかもしれません。

そうなったらいいですね。
楽しみです！

STEP 2

代謝のしくみ

栄養素は，具体的にどのようなしくみで代謝されているのでしょうか。そして肥満とは，どのような関係があるのでしょう。ここでは代謝と肥満の関連性を解説していきます。

糖から「ATP」ができるしくみ

ここからは，さまざまな栄養素が体の中で，どのように利用されるのかを，よりくわしくみていきましょう。
まずは**炭水化物**です。
炭水化物は**糖質**と**食物繊維**を合わせたものをいいます。ただし，食物繊維は基本的に私たちは消化できませんので，ここでは炭水化物といえば，糖質を指していると考えてください。

ダイエットしようとしている身でいいづらいのですが，炭水化物っておいしいですよね。
ご飯（米飯）やパンに麺……。たくさん食べると太るとわかっていても，ついつい食べちゃうんです。

ハハハ，わかりますよ。炭水化物はおいしいですよね。
炭水化物は**単糖**を成分とする栄養素です。

米やパン，麺，そしてイモの中には，単糖の一つであるグルコースが数十〜数万個もつながってできている**デンプン**が含まれています。

グルコースが最大数万個も！　何だかすごく栄養がありそうですね。

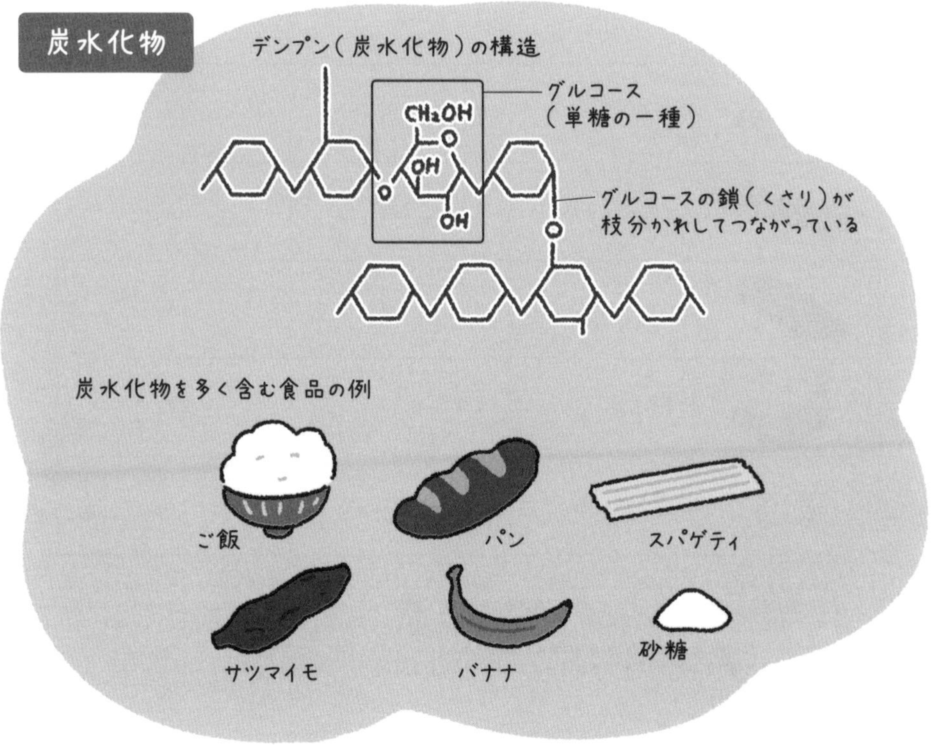

炭水化物を多く含む食品の例

1日にとる炭水化物の目安※1：（男性）約405g（女性）約307.5g

食品		食品に含まれる炭水化物の量※2
食品名	量	
 米飯	1膳150g	57g
 もち	切りもち1個50g	25g
 フランスパン	1切れ60g	38g
 中華麺（生）	1食分120g	63g
 スパゲッティ（乾）	1食分100g	73g
 さつまいも（生）	3分の1本80g	25g
 バナナ（生）	1本正味90g	19g
 砂糖（上白糖）	大さじ1杯10g	10g

※1：「日本人の食事摂取基準（2020年版）」によると，1日の総摂取エネルギーに占める炭水化物の割合は50～65%が目標量です。糖質の目標量は，基本的にはタンパク質と脂質の目標量の残余として設定されたものです。そこでこの表では，1日にとる炭水化物の目安を，上述した食事摂取基準に示されている30～49歳かつ身体活動レベルがふつうの男女における推定エネルギー必要量（男性2700 kcal、女性2050 kcal）×60%÷4kcal/g（糖質から得られるエネルギー）として算出しました。

※2：食品中の炭水化物の量は，『日本食品標準成分表2020年版（八訂）』によるデータをもとに算出しました。

そうですね。また砂糖や果物には，グルコース1個と，同じく単糖の一つであるフルクトース1個とがつながった**ショ糖**が含まれています。

へぇ～。

これらの炭水化物は，私たちの体の主要なエネルギー源になります。
炭水化物を分解することにより得られたエネルギーによって，私たちの体は熱を産生したり，筋肉を動かしたりすることができるのです。

炭水化物がエネルギー源になるってどういうことですか？

炭水化物を体内で分解する中で，**ATP（アデノシン三リン酸）**という物質がつくられます。
ATPというのは大きなエネルギーをたくわえた物質で，私たちの体は必要なときにATPを分解することで，そのエネルギーを利用することができるのです。

ATPというのはエネルギーをたくわえた物質なんですね。これは，細胞の中でつくられるんですか？

そうです。
ATPの多くは，細胞の中にある**ミトコンドリア**という小器官でつくられます。ミトコンドリアの内部には，複雑に曲がりくねった**膜（内膜）**があります。

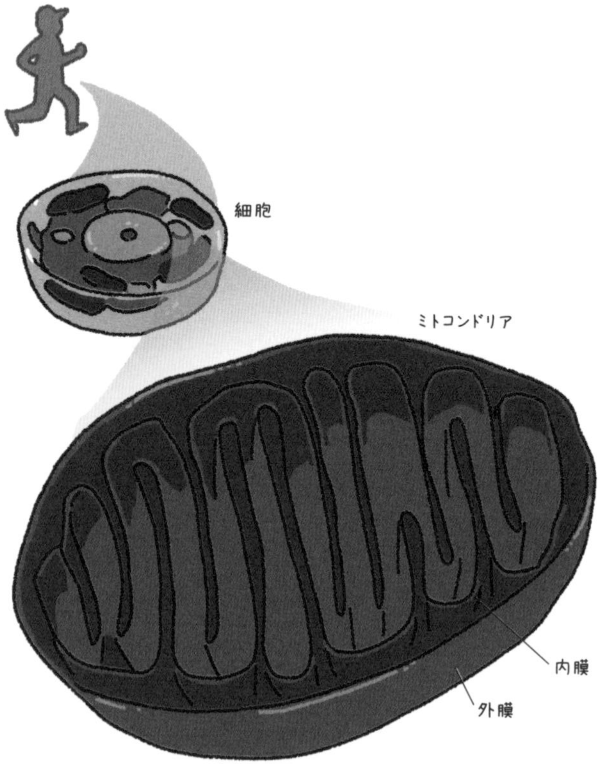

この膜に，ATPを合成するために必要な**酵素**が埋めこまれていて，ここでたくさんのATPがつくられるんです。

ミトコンドリアは，大量のエネルギーをつくる工場のようなものなんですね！

エネルギー物質「ATP」がつくられるしくみ

少し細かい話になりますが，グルコースがたくさんつながったデンプンを例に，体内に入った炭水化物からどのようにATPが合成されるのか，そのしくみを紹介しましょう。

お願いします。

デンプンはまず，唾液に含まれるアミラーゼという消化酵素によってデキストリンやマルトースに分解されます。その後，十二指腸さらには小腸で消化され，最終的にグルコースとなって小腸の細胞に吸収されます。小腸で吸収されたグルコースは，血液に送られて体中の細胞に運ばれていきます。

細胞内に入ったグルコースはどうなるんですか？

グルコースは，細胞内でのいくつもの酵素反応によって**ピルビン酸**という分子に変えられるのですが，このとき1個のグルコース分子につき2個のATPが合成されます。

ピルビン酸？　何だかかわいらしいよび名ですね。

ピルビン酸はその後，ミトコンドリアの中に入り，ここでも多くの酵素のはたらきによって，さまざまな分子に形を変えていきます。この反応の過程で**電子**と水素イオンが取りだされます。

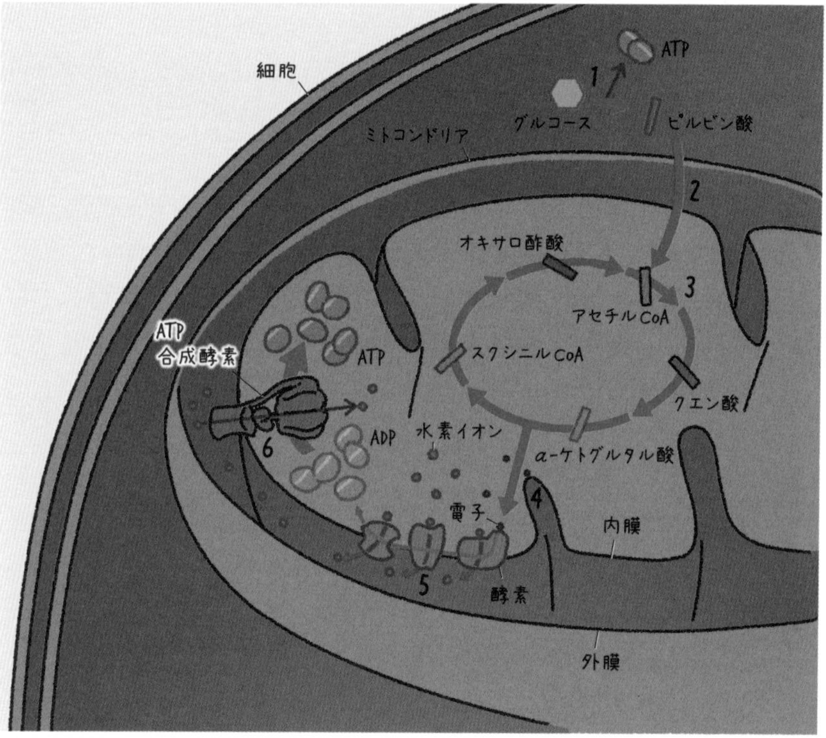

1：細胞の中で，グルコースがピルビン酸になる。この過程で少しだけATPがつくられる。
2：ピルビン酸が，ミトコンドリアの中に入る。
3：ピルビン酸が，さまざまな分子に形を変えていく。
4：3で生じた電子が，内膜の酵素に受け渡される。
5：水素イオンが，内膜の外側へくみだされる。
6：ATP合成酵素が，内膜の外側から内側への水素イオンの移動を利用して，たくさんのATPをつくる。

そしてミトコンドリアの内膜に埋まった酵素たちが，この電子と水素イオンを利用して，たくさんのATPを合成するのです。
1個のグルコース分子からは，**三十数個ものATP**が合成されます。

うぅむ，なかなか複雑ですね。
それで，あらためて，ATPってどういう物質なんでしょうか？

ATP（アデノシン3リン酸）はアデノシンという物質に三つの**リン酸**が結合した構造をもつ分子です。

ATP（アデノシン3リン酸）
ATPは，アデノシン（Adenosine）に三つ（Tri）のリン酸（phosphate）が結合した物質。

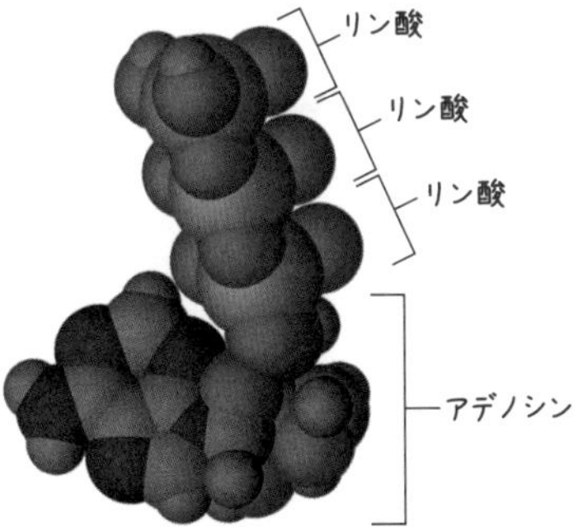

このリン酸が一つ切りはなされてADP（アデノシン2リン酸）になるときに，大きなエネルギーが放出されます。
私たちの細胞は，ATPの分解によって放出されるエネルギーをさまざまに利用しているんですよ。

炭水化物はこのATPをつくるために利用されているんですね。

ええ。ただ，小腸で吸収されたグルコースは，すべてがすぐにATPの合成につかわれるわけではなく，いざというときにそなえて，多くは肝臓や筋肉にたくわえられます。
そして肝臓や筋肉では，たくさんのグルコースが結合した分子である**グリコーゲン**となって貯蔵されます。
絶食やはげしい運動によって血糖値が低下したときは，肝臓のグリコーゲンをグルコースに分解して使っています。

へぇ〜！　非常事態用にグリコーゲンがあるんですね。うまくできているなぁ。

そうですね。
また，脳の神経細胞や赤血球は通常，グルコースだけをエネルギー源として利用しています。

筋肉も，はげしい運動をするときには大量のグルコースを必要とします。グルコースの元となる炭水化物は，三大栄養素の中で最も重要なエネルギー源といえるでしょう。

なるほど。炭水化物ってほんとうに重要なんですね！

脂質はエネルギーになり，細胞を守る膜にもなる

次に，脂質の役割をみていきましょう。
脂質は，水に溶けない栄養素の総称で，いわゆる**あぶら**のことです。
食材をいためるときに使う植物油，動物の肉に含まれる脂，バターなどに多く含まれています。

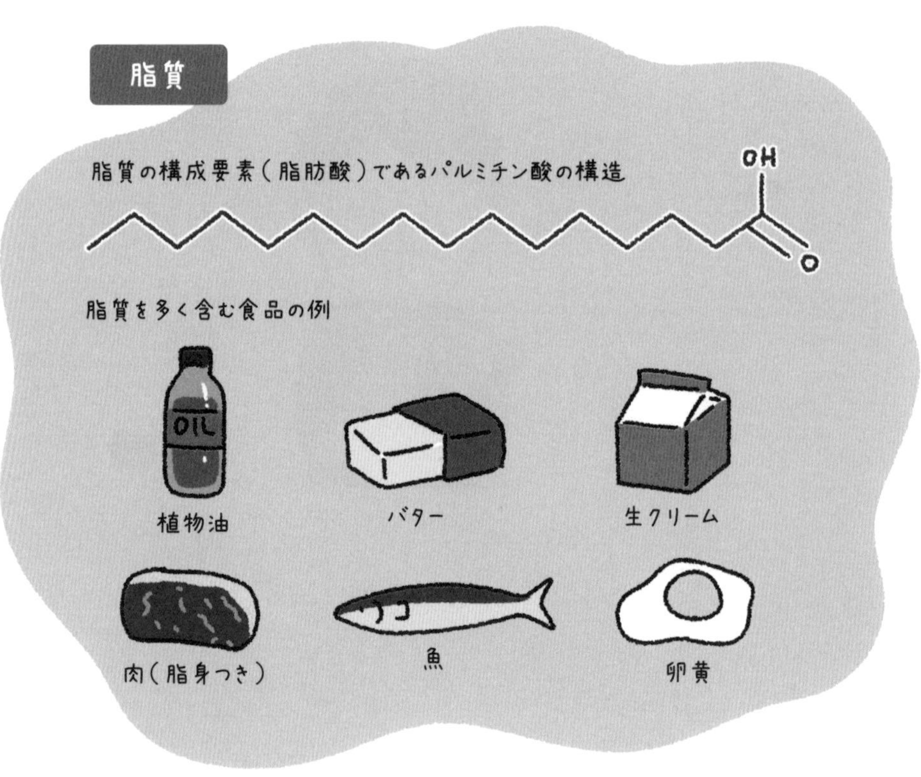

脂質を多く含む食品の例

食品		食品に含まれる脂質の量※1
食品名	量	
 オリーブ油	大さじ1杯12g	12g
 バター（無発酵，有塩）	大さじ1杯12g	9g
 クリーム（乳脂肪）	20ml＝約20g	8g
 和牛肉サーロイン（脂身つき）	ステーキ1枚200g	95g
 サンマ（生）	1匹の可食部100g	23g
 フォアグラ（ゆで）	1切れ60g	29g
 卵黄（生）	1個16g	4g

※1：食品中の脂質の量は，『日本食品標準成分表2020年版（八訂）』のデータをもとに算出。

脂質かぁ。あまり体によくなさそうだけど，ついついトンカツとか生姜焼きとか食べちゃうんですよね。

フフ，おいしいですもんね。
脂質にはあまりよくないイメージをもっている人も多いかもしれませんが，体のエネルギー源になったり，細胞膜を構成して防御壁になったりと，非常に重要なはたらきをしている栄養素なんですよ。

へぇ，悪いやつではなく，私たちに欠かせない栄養素の一つなんですね。

そうですよ。
化学的に見ると，脂質は，主に**脂肪酸**でできています。脂肪酸とは，炭素原子が数個〜二十数個，鎖のようにつながった分子です。
たとえば，私たちが食品からとりこむ脂質は，多くが**中性脂肪**で，これはグリセリンという分子に脂肪酸がくっついた物質のことです。

脂質は体の中でどのように利用されるんでしょうか？

食品に含まれている中性脂肪は，脂肪酸とグリセロールに分解されてから，**小腸**の細胞に吸収されます。
そして，そのほとんどは細胞の中でふたたび**中性脂肪**にもどされます。食品に含まれる脂質としては，ほかに**リン脂質**や**コレステロール**がありますが，これらも同じようなしくみで消化，吸収，再合成されます。

中性脂肪の一種

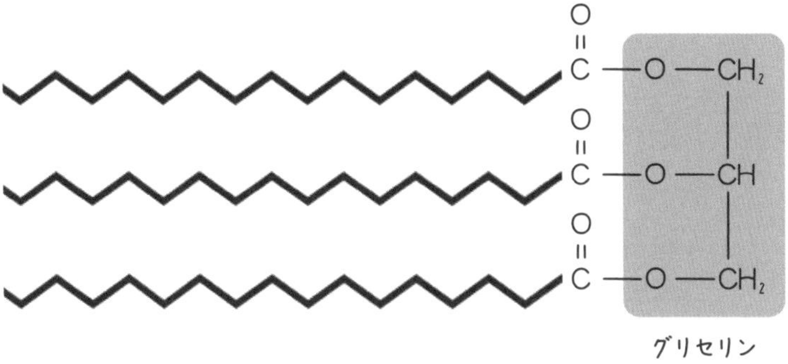

うわぁ，また新しい物質が出てきた……。

まず，**中性脂肪**は，主に皮下脂肪や内臓脂肪にたくわえられます。
これらの脂肪が分解されることで，エネルギー（ATP）をつくられます。
中性脂肪は炭水化物（糖質）よりも分解するのに時間がかかりますが，1グラムあたりのエネルギー量は，脂肪（脂質）の方が炭水化物よりも2倍以上大きいです。

炭水化物とは少しちがうはたらきをする予備のエネルギー源ってことですね。

はい，そうです。
比較的安静にしているときや，血糖値が下がっているときなどに，主なエネルギー源となります。

ふむふむ。

次に**リン脂質**ですが，これは細胞の膜を構成する主な成分となります。
私たちの細胞の膜は，イラストのように，リン脂質の二つの層でできた構造をしています。

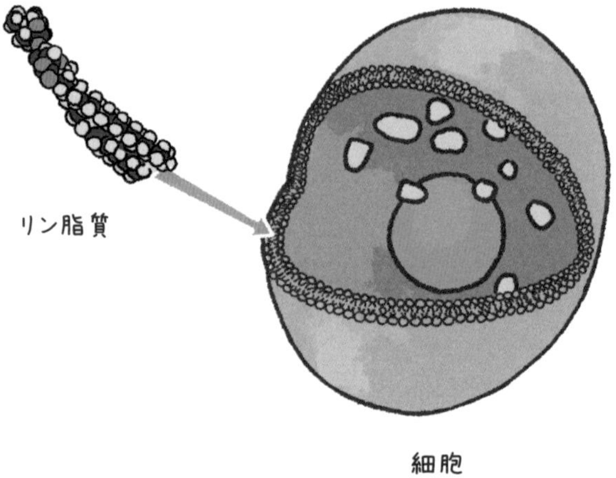

このリン脂質でできた膜によって，細胞内外の物質の移動が制限されています。

完全にすべてのものを遮断しちゃうんですか？

いえ，リン脂質の膜の中には，ゲートの役割をするいくつかのタンパク質（チャネル，輸送タンパク質）が存在していて，それぞれのタンパク質は，ある決まった物質だけを通すようになっています。
また，水，酸素，二酸化炭素，エタノールなどは細胞膜を直接通過できます。

な〜るほど！

それから，**コレステロール**も，リン脂質同様，細胞膜の構成成分になります。さらに，**胆汁酸**やさまざまな**ホルモン**の材料になります。

へぇー，コレステロールって悪いやつってイメージでしたけど，ちゃんと体の中で役に立っているんですね。

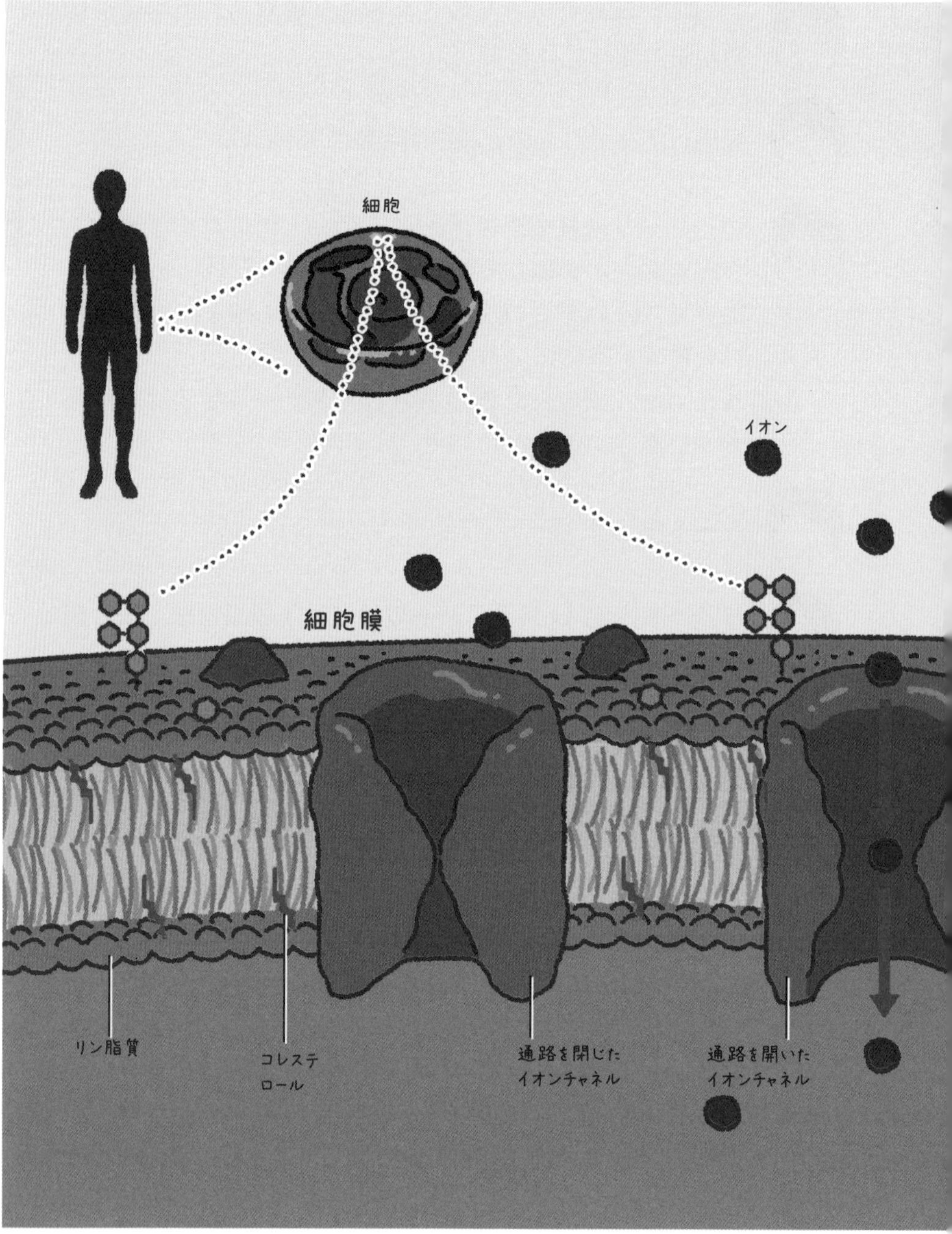
細胞
イオン
細胞膜
リン脂質
コレステロール
通路を閉じたイオンチャネル
通路を開いたイオンチャネル

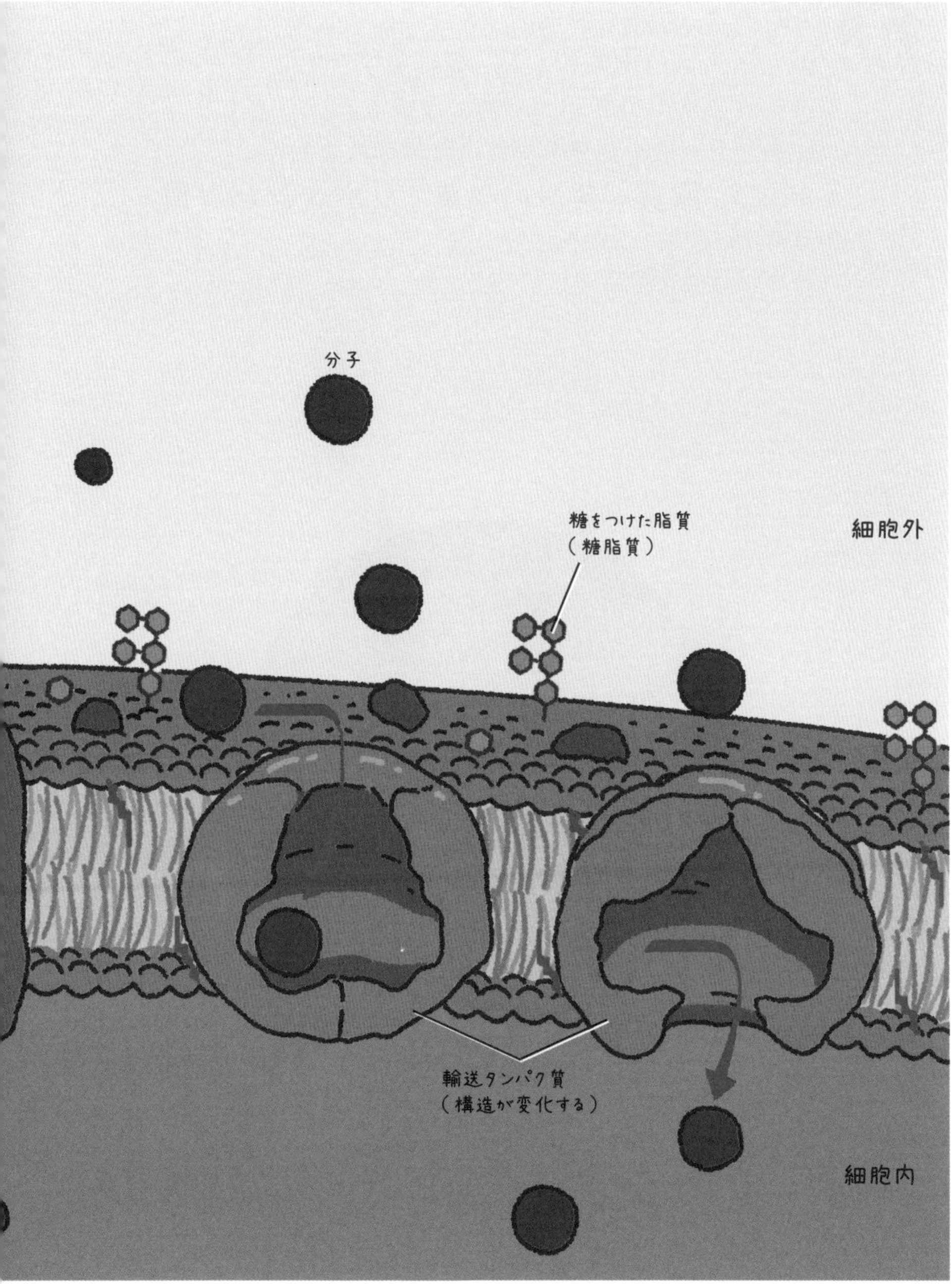
分子
糖をつけた脂質
（糖脂質）
細胞外
輸送タンパク質
（構造が変化する）
細胞内

ちなみに，小腸の細胞でつくられた中性脂肪，リン脂質，コレステロールはすべて，水になじまずに油になじみやすい性質をもっているため，そのままでは水を主成分とするリンパ液や血液の中にはとけこめません。
そこで，**脂質**と**タンパク質**で**リポタンパク質**という球状の“乗り物”をつくって，これによって全身に運ばれていきます。

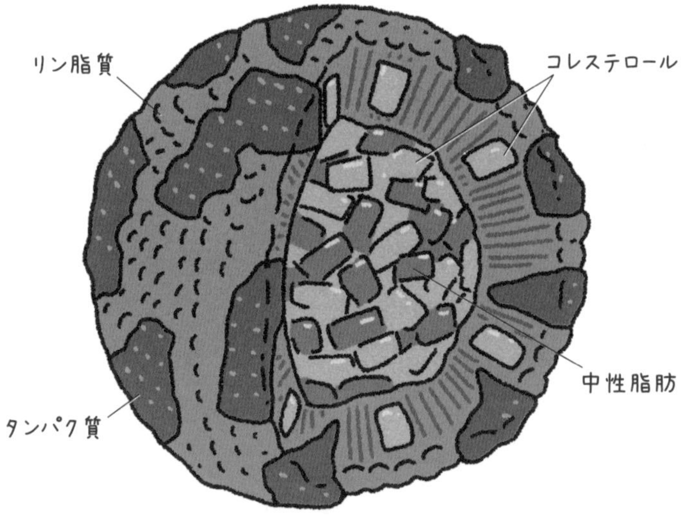

不飽和脂肪酸と飽和脂肪酸

脂質には**エネルギーの密度が高い**という特徴があります。三大栄養素のうち，糖質やタンパク質が1グラムあたり4キロカロリーなのに対し，**脂質は9キロカロリー**と倍以上のエネルギーをもっています。
脂質に太りやすいイメージがあるのは，このためでしょう。

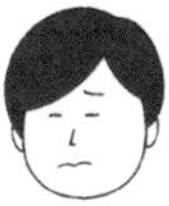

脂質が重要な栄養素だっていうことはわかりましたが，やっぱりダイエットを考えると，脂質っておさえたほうがいい“悪いヤツ”に思えてしまいます。

もちろんとりすぎはよくありませんが，全くとらないのもよくありませんよ。
また，実は脂質の中にも，肥満の人あるいは減量したい人が積極的にとった方がよい脂質があるんです。

そんな脂質があるんですか？

たとえば，**オメガ3脂肪酸**とよばれる脂質には，血液中の中性脂肪やコレステロールの濃度を低下させるはたらきや，心筋梗塞や脳梗塞の原因となる血栓の発生を防ぐはたらきがあります。
オメガ3脂肪酸の例として，**DHA（ドコサヘキサエン酸）**や**EPA（エイコサペンタエン酸）**があげられます。

サプリとして売られているのを薬局で見たことがあります！
オメガ3脂肪酸，いいことずくめじゃないですか。主にどんな食べ物に含まれているんですか？

DHAやEPAは**魚油**に多く含まれています。また，**亜麻仁油**や**大豆油**，**キャノーラ油**などの植物油や，**チアシード**や**黒クルミ**といった一部の植物に含まれる**αーリノレン酸**も，オメガ3脂肪酸の仲間です。

ふむふむ，魚油に植物油か……。チアシードって，一時期すごく話題になりましたよね。

そうですね。
脂肪酸の中でも，炭素の二重結合という構造をもつものを**不飽和脂肪酸**といいます。オメガ3脂肪酸に加えて，ごま油に多く含まれるリノール酸（オメガ6脂肪酸）や，オリーブオイルに多く含まれる**オレイン酸（オメガ9脂肪酸）**も不飽和脂肪酸の一種です。これらを適量，バランスよく摂取すれば**動脈硬化**を予防したり，血液中の**コレステロール濃度**を下げたりする効果が期待できます。

不飽和脂肪酸は，肥満の人でもとったほうがよさそうな脂質ですね！

その一方で，肥満の人や減量したい人が摂取をおさえた方がよい脂質もあります。

バターや**ラード**などの**動物性脂肪**や，**パーム油**や**ココナッツオイル**などの植物油脂に多く含まれる**パルミチン酸**，**ミリスチン酸**，**ラウリン酸**などです。

ふむふむ。同じような脂質なのに，どうしてこれらはダメなんですか？

これらの脂肪酸は，二重結合を含まない**飽和脂肪酸**です。**飽和脂肪酸をとりすぎると血液中のコレステロール濃度を上昇させるほか，動脈硬化のリスクを増加させるといわれています。**

なるほど。飽和脂肪酸は要注意ってことですね。

はい。ただし，パーム油やココナッツオイルから精製された**MCTオイル**は，飽和脂肪酸を多く含みますが，エネルギーになりやすく，**体脂肪になりにくい**特徴をもっているようです。

へぇ！　体脂肪になりにくいオイルがあるんですね。

はい。通常，体内にとりこまれた脂質は小腸で消化・吸収されたあと，再び中性脂肪となります。それからリンパ液や血液を通じて全身に運ばれ，脂肪組織にいったん蓄積されます。その後，必要に応じて分解され，エネルギーとなるのですが……。

MCTオイルはちがうんですか？

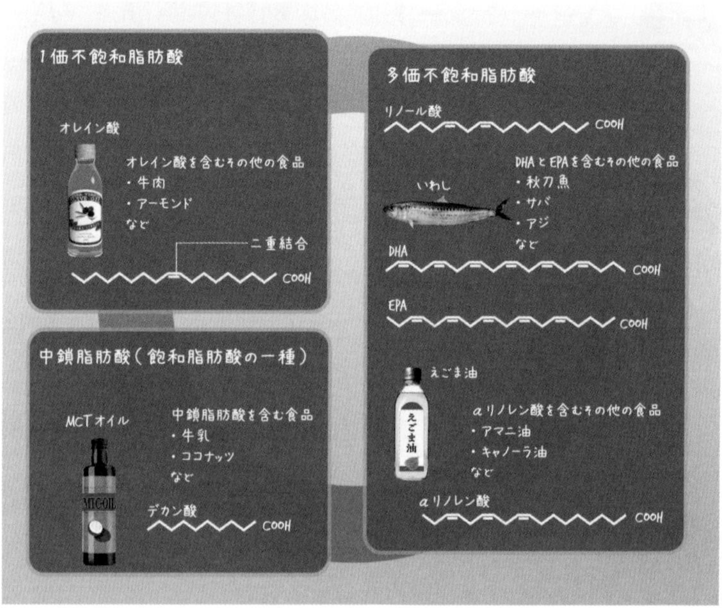
1価不飽和脂肪酸
オレイン酸
オレイン酸を含むその他の食品
・牛肉
・アーモンド
など
二重結合
COOH
中鎖脂肪酸（飽和脂肪酸の一種）
MCTオイル
中鎖脂肪酸を含む食品
・牛乳
・ココナッツ
など
デカン酸
COOH
多価不飽和脂肪酸
リノール酸
COOH
いわし
DHAとEPAを含むその他の食品
・秋刀魚
・サバ
・アジ
など
DHA
COOH
EPA
COOH
えごま油
αリノレン酸を含むその他の食品
・アマニ油
・キャノーラ油
など
αリノレン酸
COOH

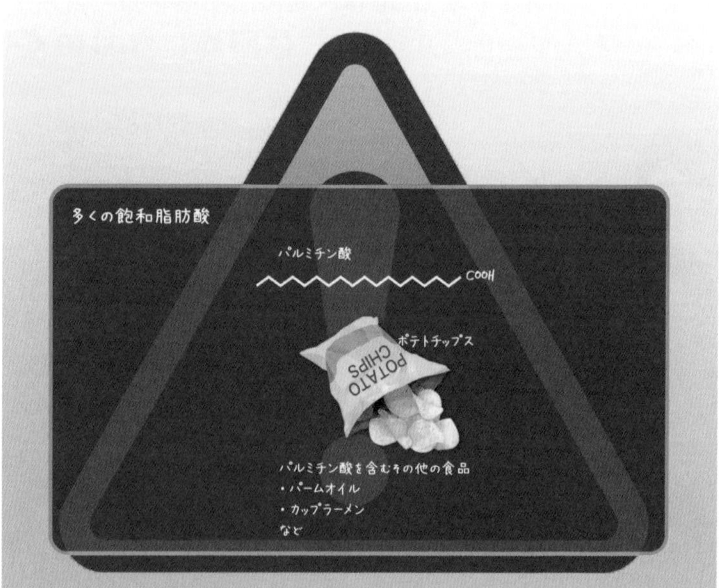
多くの飽和脂肪酸
パルミチン酸
COOH
ポテトチップス
POTATO CHIPS
パルミチン酸を含むその他の食品
・パームオイル
・カップラーメン
など

はい。MCTオイルの成分である**中鎖脂肪酸**は，そのほとんどが小腸から門脈という血管を通って直接，肝臓に移動し，分解されてエネルギーとなるため，脂肪として蓄積されにくいんです。

そうなんですね！　MCTオイル，お店で売っているのを見たことがあります。今度試してみようかな。

タンパク質は分解されてアミノ酸になる

さて，三大栄養素の残り一つ，タンパク質についてお話しします。タンパク質は私たちの体をつくっている基本材料ともいえるものです。

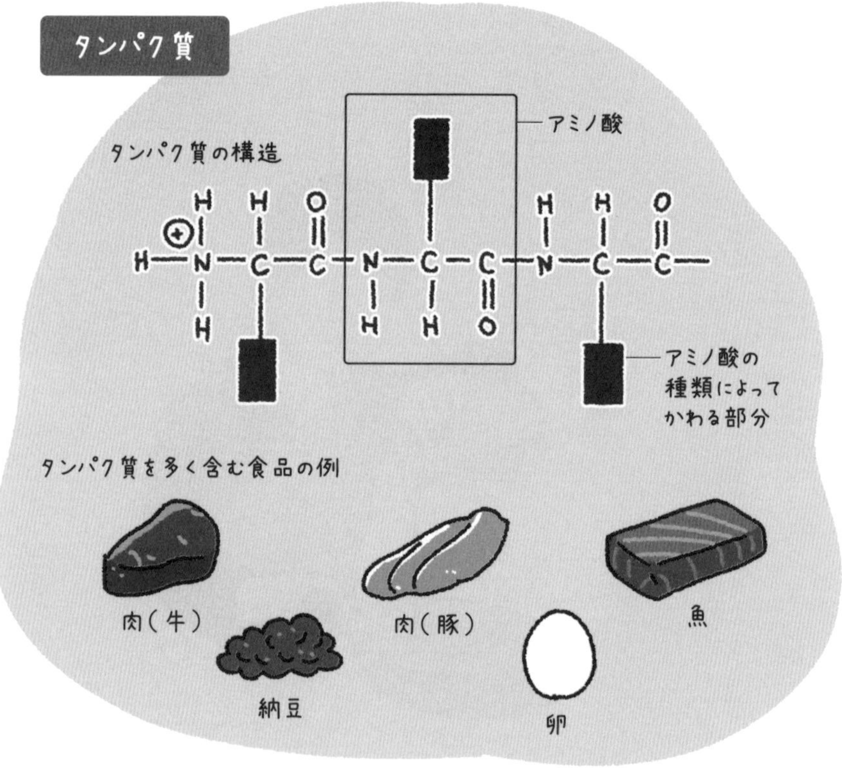

タンパク質を多く含む食品の例

食品		食品に含まれるタンパク質の量※2
食品名	量	
 輸入牛肉サーロイン（脂身つき，生）	ステーキ1枚200g	38g
 豚肉ロース（脂身つき，生）	厚切り1枚90g	15g
 鶏肉ささみ（若どり，生）	1本40g	8g
 マカジキ（生）	1切れ100g	23g
 天然クロマグロ赤身（生）	刺身6切れ80g	18g
 鶏卵（生）	1個50g	6g
 糸引き納豆	1パック50g	7g

食品中のタンパク質の量は、『日本食品標準成分表2020年版（八訂）』のデータをもとに算出。

タンパク質っていうと，牛肉や豚肉，鶏肉などの肉類ですよね。
私，焼肉大好きなんですよ！　たまに1人焼肉にも行っちゃうくらいです。

いいですね。タンパク質は牛肉や豚肉，鶏肉だけでなく，魚の身にも多く含まれています。そして私たちの筋肉も，たくさんのタンパク質でできているんです。
さらに，髪の毛，骨，皮膚など，体をつくっているあらゆるものの材料としてタンパク質は使われています。

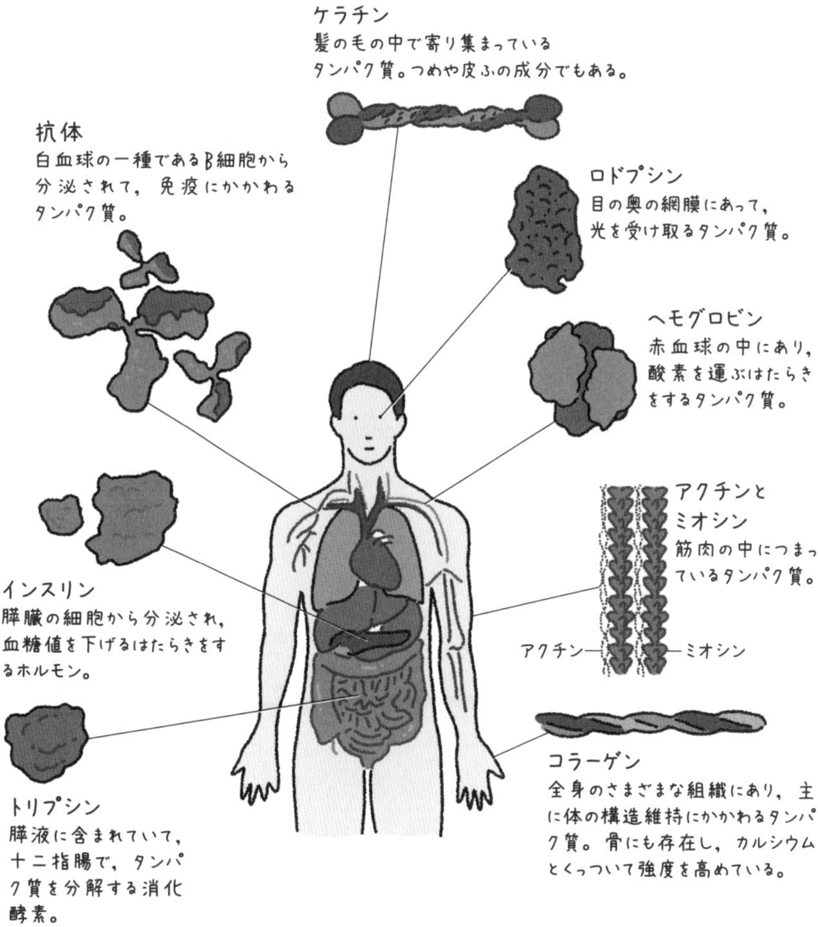
ケラチン
髪の毛の中で寄り集まっている
タンパク質。つめや皮ふの成分でもある。
抗体
白血球の一種であるB細胞から
分泌されて，免疫にかかわる
タンパク質。
ロドプシン
目の奥の網膜にあって，
光を受け取るタンパク質。
ヘモグロビン
赤血球の中にあり，
酸素を運ぶはたらき
をするタンパク質。
アクチンと
ミオシン
筋肉の中につまっ
ているタンパク質。
アクチン
ミオシン
インスリン
膵臓の細胞から分泌され，
血糖値を下げるはたらきをす
るホルモン。
コラーゲン
全身のさまざまな組織にあり，主
に体の構造維持にかかわるタンパ
ク質。骨にも存在し，カルシウム
とくっついて強度を高めている。
トリプシン
膵液に含まれていて，
十二指腸で，タンパ
ク質を分解する消化
酵素。

えっ！
そんなにいろいろなものに使われてるんですか。

それだけではありません。ほかにも目の網膜で光をとらえる**ロドプシン**，体中に酸素を運ぶ**ヘモグロビン**，体の外から侵入してきた病原体をやっつける**抗体**など，さまざまなタンパク質が体内ではたらいています。

じゃあ私たちの体って，ほとんどタンパク質でできているじゃないですか！

そのとおりです。ちなみに今までお話ししてきた消化酵素やATP合成酵素もタンパク質ですよ。**ヒトの体には，約10万種類のタンパク質があることが知られています。**

10万種類……。途方もない数ですね。

おどろきでしょう。
そもそもタンパク質というのは，多数の**アミノ酸**という分子がつながってできた物質です。
食品に含まれるタンパク質は，体内に入ると1～3個のアミノ酸レベルにまで分解されます。**そして，これらのアミノ酸は，遺伝子に書きこまれた設計情報にしたがい，再度，新しいタンパク質の部品として体中の細胞に届けられるんです。**

食品からとったタンパク質は，そのまま体の部品になるわけではなくて，一度分解されたあとに，別のタンパク質の合成に使われるってことですか？

そのとおりです。一度，アミノ酸のレベルにまで分解されて，新しいタンパク質がつくられます。
ちなみにタンパク質の材料となるアミノ酸は全部で20種類あり，そのうち9種類は**必須アミノ酸**とよばれるもので，ヒトの体内では合成できません。**このため必須アミノ酸は，食品からとる必要があります。**

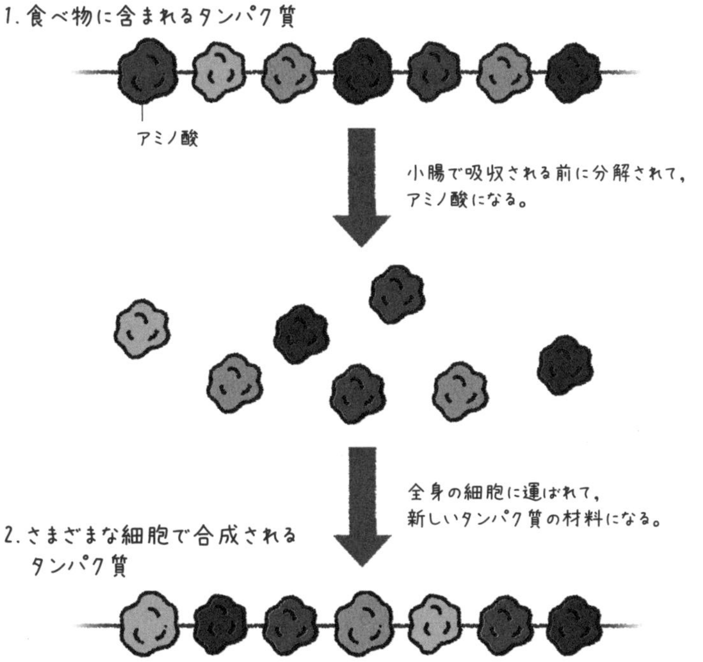

そうなんですか!?

必須アミノ酸をとるには，いったい何を食べればよいでしょうか。

動物の肉や卵，大豆などは必須アミノ酸をバランスよく含んでいます。

次の表を見てください。これは，**消化性必須アミノ酸スコア（DIAAS）**とよばれるものです。**アミノ酸スコアとは，その食品に含まれる必須アミノ酸のバランスを数値化したものです。**DIAASは，各食品の消化吸収率まで考慮した，より新しい指標です。DIAASが高いほど，その食品は良質なタンパク質源と考えてよいでしょう。

主な食品の消化性必須アミノ酸スコア（DIAAS）

食品名	DIAAS（%）		
卵	116.4	豚肉	113.9
牛乳	115.9	鶏肉	108.2
大豆	99.6	とうもろこし	42.4
小麦	40.2	牛肉	109.3

出典：Paul, et al. Die Bodenkultur: Journal of Land Management, Food and Environment Volume 67, Issue 2, 91–103, 2016.
DOI: 10.1515/boku-2016-0009

このスコアは，学校給食や病院食の献立を考えるときの参考にされています。動物の肉や卵，牛乳，大豆などは必須アミノ酸のバランスがよいことがわかりますね。

代謝に欠かせない名脇役，ビタミン・ミネラル

炭水化物，脂質，タンパク質という三大栄養素は私たちが健康に生きていくために必要ですが，それだけでは十分ではありません。

それ以外に必要な栄養素って何でしたっけ？

ビタミンと**ミネラル**です。ただしこの二つは，体内で必要とする量がごくわずかなんですよ。

ビタミンとミネラル，どちらもサプリメントとかでよくありますよね。

ビタミン

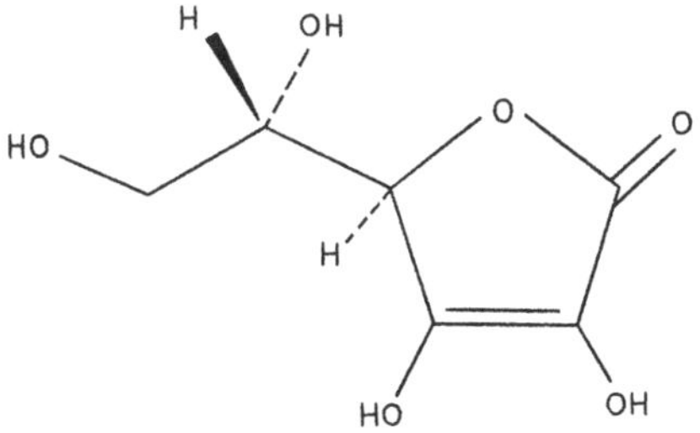

ビタミンC

ええ。**ビタミンとミネラルは体内でつくることはできません。そのため，たとえ必要量がわずかであっても，かならず食品からとり入れないといけないのです。**

なるほど！
ビタミンとミネラルは，どういう栄養素なんでしょうか？

まずビタミンは，三大栄養素と同じように炭素，水素，酸素などの**元素**からできている化合物です。
ビタミンに決まった共通の構造はありません。ヒトが生きていくために必要なビタミンは全部で**13種類**あります。名前は発見された順につけられました。

ふむふむ。ビタミンは体内で何の役割があるんですか？

ビタミンには，**補酵素**としての役割をもつものが多いです。

ほこうそ？

体内の化学反応を進めるタンパク質として**酵素**があることは，お話ししましたね。補酵素は，その名のとおり，酵素を助けるはたらきをします。
たとえば，炭水化物，タンパク質，脂質からエネルギーを取りだす反応をになう酵素や，DNAの合成を行う酵素のはたらきを助けるビタミンがあります。

補酵素としてはたらく主な「ビタミン」

	種　類	多く含まれる食品の例	主な機能の例
脂溶性（油になじみやすい）	ビタミンA	アンコウの肝，レバー（ウシ，ブタ，トリ），ニンジン，モロヘイヤ	皮膚や粘膜を正常な状態に保つ。目の網膜で光を受け取るタンパク質「ロドプシン」の成分になる。抗酸化作用をもつ。
	ビタミンD	サケ，サンマ，キクラゲ，干しシイタケ	小腸でのカルシウムの吸収をうながす。一方で，骨からカルシウムをとかして，血液中のカルシウム濃度を上げる作用もある。
	ビタミンE	植物油，アーモンド，キングサーモン，カボチャ	抗酸化作用をもつ。毛細血管を拡張させる。
	ビタミンK	納豆，アシタバ，ツルムラサキ，オカヒジキ	血液を固めて止血する。骨へのカルシウムの結合をうながす。
水溶性（水になじみやすい）	ビタミンB_1（チアミン）	玄米，そば，豚肉，ウナギ（蒲焼き），エンドウマメ	炭水化物からエネルギーを取りだす反応を助ける。神経の機能を正常に保つ。
	ビタミンB_2（リボフラビン）	レバー（ウシ，ブタ，トリ），ウナギの蒲焼き，卵，牛乳，納豆	炭水化物，脂質，タンパク質からエネルギーを取りだす反応を助ける。抗酸化作用をもつ。
	ナイアシン（ビタミンB_3）	タラコ，カツオ，レバー（ウシ，ブタ）	炭水化物，脂質，タンパク質からエネルギーを取りだす反応を助ける。アルコールの分解を助ける。
	パントテン酸（ビタミンB_5）	レバー（ウシ，ブタ，トリ），子持ちガレイ，ニジマス	炭水化物，脂質，タンパク質からエネルギーを取りだす反応を助ける。ホルモンやHDL（善玉）コレステロールの合成を助ける。
	ビタミンB_6	マグロ，カツオ，レバー（ウシ），バナナ	タンパク質の分解と再合成を助ける。神経伝達物質やヘム（酸素を運ぶ分子の成分で酸素と結合する部分）の合成を助ける。
	ビオチン（ビタミンB_7）	レバー（ウシ，ブタ，トリ），ラッカセイ，卵	炭水化物，脂質，タンパク質からエネルギーを取りだす反応を助ける。皮膚の炎症をおさえるはたらきを助ける。
	葉酸（ビタミンB_9）	レバー（ウシ，ブタ，トリ），ナノハナ，枝豆	DNAの合成を助ける。造血を助ける。
	ビタミンB_{12}（コバラミン）	レバー（ウシ，ブタ，トリ），ナノハナ，芽キャベツ，ホウレンソウ	DNAの合成を助ける。葉酸の合成を助ける。
	ビタミンC	赤ピーマン，ブロッコリー，柿，キウイフルーツ	コラーゲンの合成を助ける。抗酸化作用をもつ。腸内での鉄の吸収を助ける。ホルモンの合成を助ける。

へぇ～。ビタミンが酵素を助けるなんて，知りませんでした！

1種類のビタミンがさまざまな機能をもつこともあります。
たとえば，野菜や果物に多く含まれることで知られる**ビタミンC**は，皮膚や骨などの成分となるコラーゲンの合成，ホルモンの合成，鉄の十二指腸での吸収をたすけるはたらきをもちます。
前のページの表に，ビタミンの種類と多く含まれる食品，主な機能を掲載していますので，参考にしてください。
つづいてはミネラルです。
ミネラルは体を構成する元素のうち，炭素，酸素，水素，窒素を除く，残り5%を占める元素を指しています。たとえば**カルシウム**や**リン**，**ナトリウム**などです。

ふむふむ。ミネラルの役割って主に何なんでしょう？
何となく体によさそうなイメージですけど……。

たとえばカルシウムやリン，マグネシウムなどは**体の構成成分**になります。また，ナトリウムやカリウムのように，体液の浸透圧（その体液が細胞膜を超えて移動しようとする）を調節するはたらきをするものや，鉄のように，多くの酵素の成分となって，なくてはならないはたらきをしているものなどがあります。
ビタミンと同じく，1種類のミネラルが体の中でさまざまな機能をもっています。

さまざまな場面で活躍する主な「ミネラル」

	種　類	多く含まれる食品の例	主な機能の例
多量元素（体内に比較的多く存在する元素）	カルシウム（Ca）	牛乳，ヨーグルト，チーズ，干しエビ	骨や歯を形成する。筋肉の収縮を助ける。神経間の情報の伝達を調節する。ホルモンの分泌を助ける。細胞の分裂を調節する。
	リン（P）	ワカサギ，シシャモ，牛乳，レバー（ウシ，ブタ，トリ）	骨や歯を形成する。DNAの材料になる。ATPの材料になる。細胞膜を構成しているリン脂質の材料になる。
	カリウム（K）	ホウレンソウ，バナナ，ジャガイモ	体液の浸透圧を調節する。神経細胞の興奮の伝導を助ける。細胞内外での物質の出し入れを助ける。血圧を下げる。
	イオウ（S）	卵	解毒作用を助ける。皮膚，つめ，髪を形成する。
	ナトリウム（Na）	食塩，みそ，梅干し，からし明太子	体液の浸透圧を調節する。神経細胞の興奮の伝導を助ける。細胞内外での物質の出し入れを助ける。
	塩素（Cl）	食塩	殺菌を行う胃酸の成分。体液の浸透圧を調節する。神経間の情報の伝達を調節する。
	マグネシウム（Mg）	アーモンド，玄米，大豆，ホウレンソウ	骨や歯を形成する。筋肉の収縮を助ける。血管を広げて血圧を下げる。神経間の情報の伝達を調節する。エネルギーの生産を助ける。
微量元素（体内にわずかに存在する元素）	鉄（Fe）	レバー（ブタ，トリ），ひじき	体中に酸素を運ぶタンパク質「ヘモグロビン」の成分。血液中の酸素を筋肉に取りこむタンパク質「ミオグロビン」の成分。
	亜鉛（Zn）	カキ，レバー（ブタ），牛肉	DNAやタンパク質の合成を助ける。舌が味を感じるのを助ける。生殖機能を維持する。
	銅（Cu）	タコ，レバー（ウシ），ソラマメ	鉄をヘモグロビンに取りこまれる形にかえる。抗酸化作用をもつ。コラーゲンの合成を助ける。髪の合成を助ける。
	ヨウ素（I）	まこんぶ，ひじき，まだら	発育をうながす。全身の基礎代謝（じっとしていても生命を維持するために必要な，エネルギーを使う反応）をうながす。
	セレン（Se）	アンコウの肝，タラコ，クロマグロ	抗酸化作用をもつ。
	マンガン（Mn）	干しずいき，栗，アマランサス	骨の発育をうながす。抗酸化作用をもつ。炭水化物，脂質，タンパク質からエネルギーを取りだす反応を助ける。
	モリブデン（Mo）	大豆，納豆，レバー（ウシ，ブタ，トリ）	食事から摂取したプリン体を尿酸（最終的な老廃物）にかえるはたらきをうながす。
	クロム（Cr）	青のり，きざみ昆布，ひじき	炭水化物，脂質からエネルギーを取りだす反応を助ける。
	コバルト（Co）	もやし，納豆	ビタミンB_{12}の構成成分。造血を助ける。

なるほど。私たちが当たり前のように食べている一つ一つの食品の中に，体をつくるさまざまな栄養素が含まれているんですね。

はい，表にミネラルの種類と多く含まれる食品，主な機能を掲載していますので，参考にしてください。

酸素を使わない代謝・使う代謝

炭水化物のところで，少しお話ししましたが，ATPの合成について，もう少しくわしく見ていきましょう。
先ほど説明したとおり，ATPの大部分は，ミトコンドリアでつくられます。しかし，ATPをつくるのはミトコンドリアだけではありません。
栄養素からATPを生み出す代謝経路には，**解糖系**と**酸化系**の二つ※があるんです。

えっ。同じ物質を生みだすのに，二つの経路があるんですか。

ええ，そうなんです。
解糖系によるATPの合成は糖質（**グリコーゲン**や**グルコース**）だけを利用し，ミトコンドリアとは無関係に行われます。
一方の酸化系によるATP合成は，ミトコンドリアの内部で行われます。

解糖系と酸化系は何がちがうんでしょうか？

解糖系は，ATPを素早く合成することができます。また，ATPを合成するのに酸素を必要としません。

※：この二つにクレアチンリン酸の分解によるATP合成（ATP-CP系）も加え，
三つの系とすることもよくあります。

しかし，1個のグルコースから，**2個のATP**しか合成できません。また，体内にあるグリコーゲンやグルコースの量はあまり多くないため，この経路に長時間たよりつづけることはできません。

解糖系

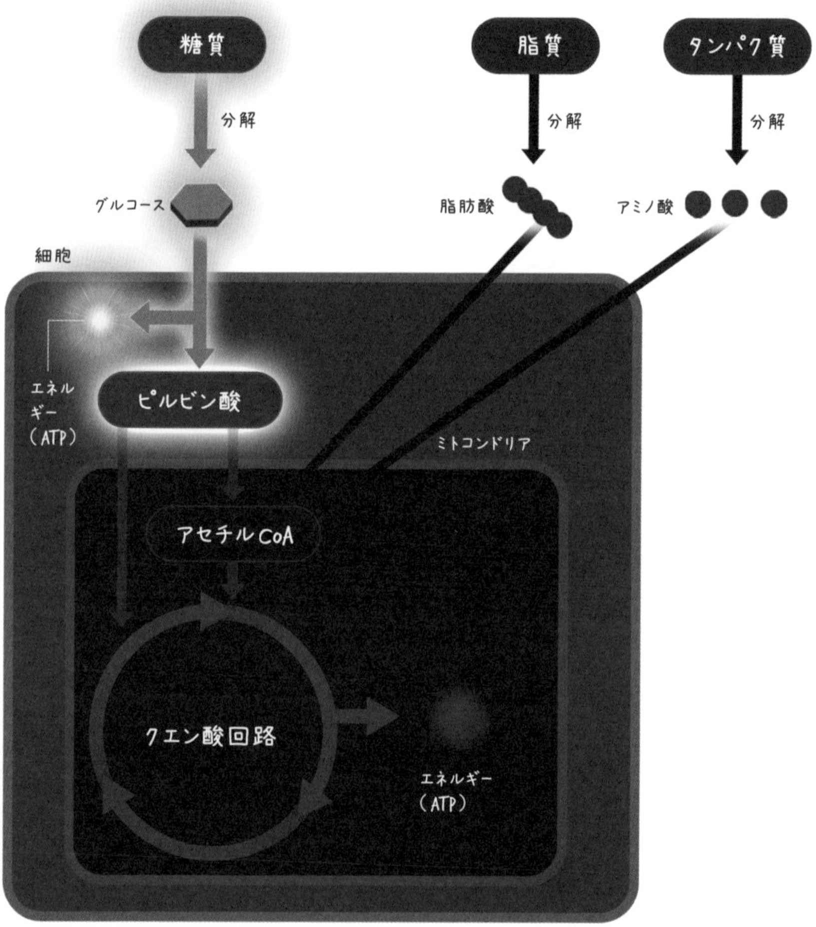

ふむふむ。
すぐにATPをつくれるけど，長時間は無理だと。

そうです。
一方の酸化系では，グルコースだけでなく，**脂質**や**タンパク質**も利用することができます。

酸化系では，糖質，脂質，タンパク質のすべてをエネルギー源として利用できる。

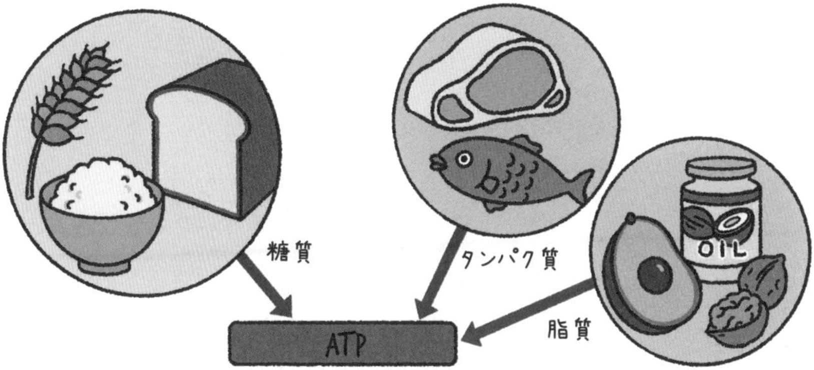

酸化系によるミトコンドリアでのATPの合成には**酸素**が必要なため，**有酸素性系**ともよばれます。**私たちが生きていくために呼吸をし，体に酸素を取り入れているのは，ミトコンドリアの中で酸素を使ってATPを合成するためなんです。**

酸化系

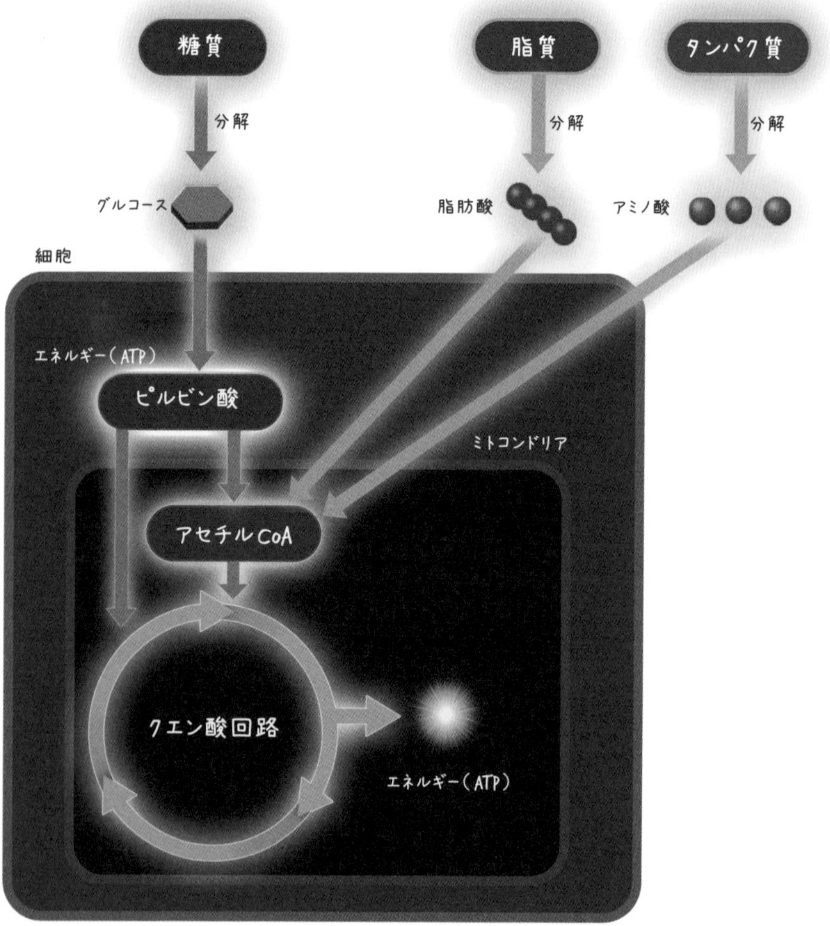

へぇ，酸素ってATPを合成するためにミトコンドリアで使われていたんですね。
この経路にはどういう特徴があるんでしょうか？

酸化系では解糖系のように素早いATPの合成はできませんが，時間がかかる分だけたくさんのATPをいっきに生みだすことができます。
1個のグルコースから，**30数個ものATP**が合成されるのです。

素早い解糖系と，効率のよい酸化系というところですかね。

はい，そのとおりです。
たとえば，筋トレやダッシュなど短時間のきつい運動では，解糖系で合成されたATPが重要になります。酸化系によるATPの合成も同時には行われていますが，その貢献度はあまり大きくありません。

じゃあ，酸化系のATP合成はどのような場面で重要になるんでしょうか？

はい，マラソンのような持久的運動では，酸化系によるATPの合成がとても重要になります。
酸化系では体脂肪を分解してATPを合成することもできるので，エネルギー切れをあまり心配しなくてよいのです。

ポイント！

解糖系は酸素が不要な代謝で，酸化系は酸素が必要な代謝。それぞれATPを合成できる。

体脂肪をエネルギー源として使うためには，酸化系のはたらきが重要になってくるわけですね！

肥満と関連が深い糖尿病

先生，三大栄養素はどれもエネルギー源になりますけど，使い切れず余ったエネルギーはすべて中性脂肪としてたくわえられて，その量が多すぎると肥満になるんですよね。
肥満になると，健康面でどのような影響があるんでしょうか？

はい。肥満とは，**白色脂肪細胞**に中性脂肪が過剰にたまった状態のことです。
1時間目にも簡単にふれたように，白色脂肪細胞はさまざまな物質を分泌しているのですが，肥満になると分泌される物質の量やバランスが変化します。

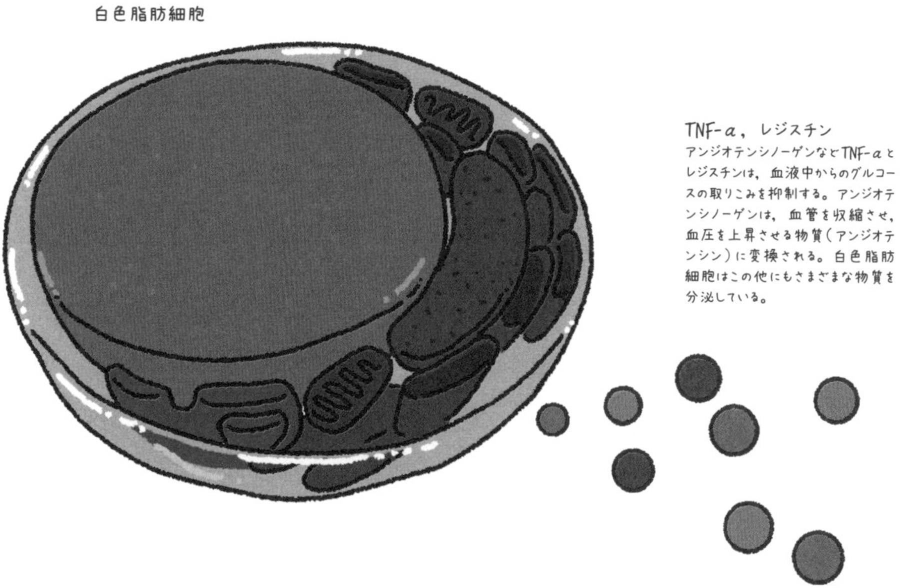

その結果，**2型糖尿病**などのさまざまな生活習慣病が引きおこされる可能性があるのです。

2型糖尿病!?
いったいなぜ？

糖尿病は，血糖値（血液中のグルコースの濃度）が慢性的に高い状態がつづく病気です。

普通，食事後には腸からグルコースが吸収されて血糖値が高くなりますが，筋肉や脂肪組織がグルコースを取りこんだり，肝臓でのグルコースからグリコーゲンへの合成が高まったりすることで，血糖値はすぐに食事前のレベルまで下がっていきます。

健康な人であれば，たとえ食後でも，それほど高い値にはならないんですね。

そうです。このように血糖値が上がりすぎるのをおさえているホルモンが，**膵臓**から分泌される**インスリン**です。インスリンが筋肉や肝臓，脂肪組織に作用することで，それらの細胞にグルコースがとりこまれて，血液中のグルコース濃度が下がるというわけです。
ところが，肥満になるとインスリンの効きがわるくなり，筋肉や肝臓の細胞がグルコースを取りこんでくれなくなるんです。

インスリンの効きがわるい？
なぜなんでしょうか？

白色脂肪細胞から分泌される物質が，ひとつの原因になっています。肥満になって白色脂肪細胞が肥大化すると，**TNF-α**という物質の分泌量がふえます。

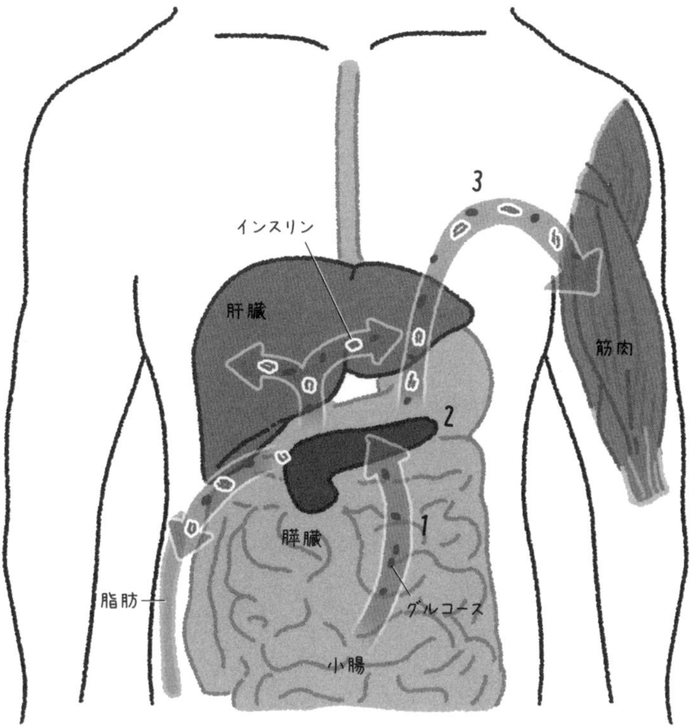

1. 小腸でグルコースが吸収される。 2. 膵臓からインスリンが分泌される。
3. インスリンが全身に届けられ，筋肉などにグルコースがたくわえられる。
注：膵臓は，わかりやすいように，手前にえがいています。

このホルモンは，インスリンの血糖値を下げるはたらきをおさえる作用をもっているのです。

じゃあ，TNF-αが分泌されると，インスリンが分泌されても，筋肉や肝臓の細胞が糖をとりこまなくなってしまうんですか？

そうです。たとえ血糖値が高くても，筋肉や肝臓の細胞が糖を取りこんでくれないわけですから，高血糖の状態がつづきます。こうして，糖尿病となるのです。
このようにインスリンの効きがわるい状態のことを**インスリン抵抗性**といいます。

うぅむ。
高血糖の状態がつづくと，体にどのような影響があるんでしょうか？

高血糖状態がつづくと，血管の細胞がもろく，傷つきやすくなります。それによって血管壁に炎症がよく起こり，劣化が進みます。
特に糖尿病の影響は，**腎臓**や**眼**などにあらわれやすいのです。
腎臓は細い血管が集中した臓器で，血液中にある老廃物を濾過して尿として排出する役割をになっています。糖尿病になると，腎臓の血管が劣化してしまうので，濾過装置としての機能を果たせなくなるんです。

そういえば，重度の糖尿病の患者さんは腎臓の機能を補うために，透析が必要になることが多いって聞いたことがあります。

そうですね。
また，眼の網膜にある細い血管がダメージを受けた場合には，**失明**することもあります。
それから，手足のしびれなどの症状が出ることもあり，これも血管の劣化により神経細胞の酸素や栄養が不足することが一因と考えられています。
これら三つの病気（糖尿病性腎症，糖尿病性網膜症，糖尿病性神経症）は，**糖尿病の三大合併症**にあげられています。

糖尿病って恐ろしいですね……。

肥満がもたらすさまざまな悪影響

肥満によって引きおこされるのは，糖尿病だけではありません。さまざまな病気のリスクを高めることがわかっています。たとえば，中性脂肪をためこんだ白色脂肪細胞は，**アンジオテンシノーゲン**という物質を多く分泌します。
この物質は血管を収縮させるアンジオテンシンという物質に変わることで，血圧を高めるはたらきをします。そのため，アンジオテンシノーゲンの分泌量が増えすぎれば高血圧症となり，血管が次第に固くもろくなります。

高血糖に高血圧と，たくさんのストレスが血管にかかるんですね。

はい。
さらに，白色脂肪細胞に中性脂肪が過剰に蓄積されると，中性脂肪が遊離脂肪酸となって，血液中にもれだします。
すると，肝臓でのコレステロールや中性脂肪の合成がさかんになります。血液中のコレステロールや中性脂肪の濃度がある範囲を超えた状態を**脂質異常症**といいます。

もろい血管に，脂質が多い血液……。
そのような状態がつづくとどうなるんですか？

これらの症状は，少しずつ**動脈硬化**を進行させます。
動脈硬化とは，血管の弾力性が失われてかたくなったり，血管がコレステロールなどの沈着によってせまくなったりしている状態のことです。

なぜ動脈硬化が進むんですか？

本来であれば，コレステロールが血管の内側にたまっても，白血球の一つである**マクロファージ**が，たまったコレステロールの掃除をしてくれます。
ところが，血管がもろく，血液中のコレステロールの濃度が高すぎると，マクロファージの掃除が追いつかなくなり，コレステロールが血管の内側にたまってしまいます。
そして，コレステロールを食べすぎたマクロファージはその場で死んでしまうのです。

そんな……！

こうしてコレステロールとマクロファージの死骸が血管の内側にどんどんたまってふくらんでいきます。
ですから，血管がもろく，血液中の脂質が多いほど，**動脈硬化**が進行しやすいのです。

動脈硬化が進行するとどうなるんでしょうか？

動脈硬化は**サイレントキラー**（静かなる殺し屋）とよばれることもあり，自覚症状はほとんどありません。しかし，ある日突然，命にかかわる病気を引きおこすことがあります。

どんな病気でしょうか!?

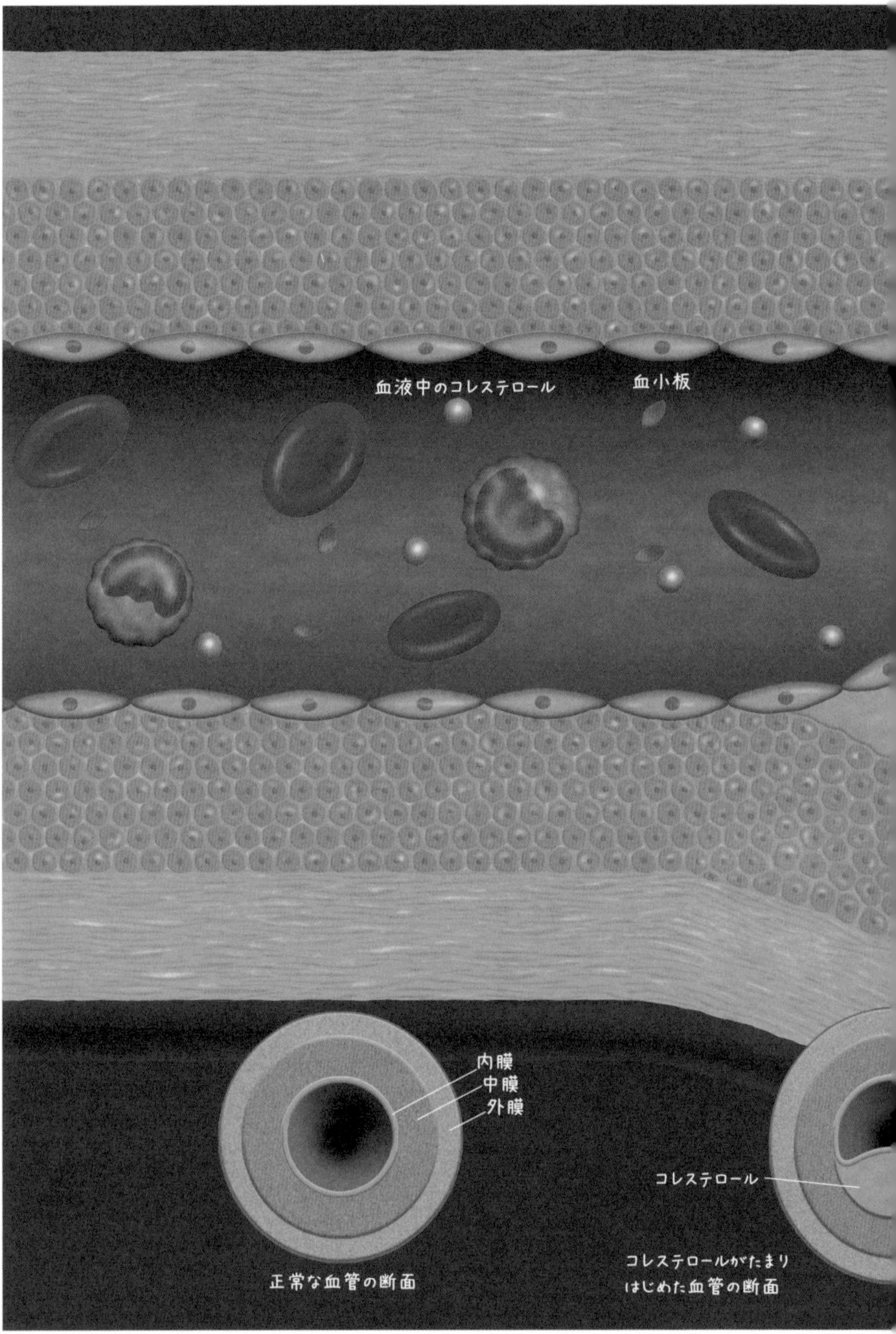
血液中のコレステロール
血小板
内膜
中膜
外膜
コレステロール
正常な血管の断面
コレステロールがたまり
はじめた血管の断面

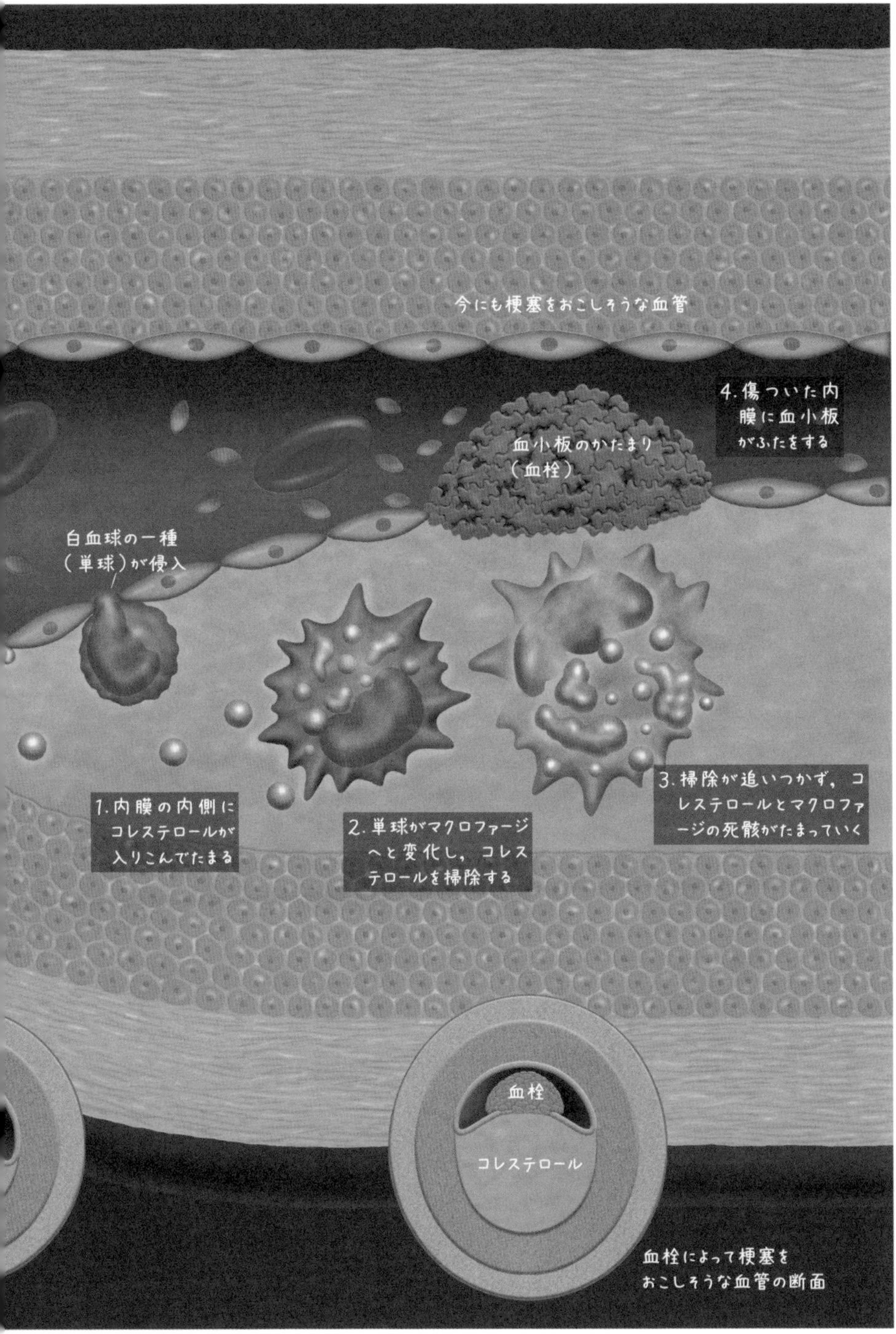
今にも梗塞をおこしそうな血管
4.傷ついた内膜に血小板がふたをする
血小板のかたまり（血栓）
白血球の一種（単球）が侵入
1.内膜の内側にコレステロールが入りこんでたまる
2.単球がマクロファージへと変化し，コレステロールを掃除する
3.掃除が追いつかず，コレステロールとマクロファージの死骸がたまっていく
血栓
コレステロール
血栓によって梗塞をおこしそうな血管の断面

たとえば，動脈硬化によって心臓の筋肉に酸素や栄養を送っている血管がつまれば**心筋梗塞**となります。
心臓の病気（心疾患）は日本における死因の第2位ですが，その多くは心筋梗塞です。
また，血管の梗塞や破裂が脳内でおきれば，それぞれ**脳梗塞**や**脳出血**となり，これらも命を失ったり，後遺症が残ったりする原因になることが多いです。

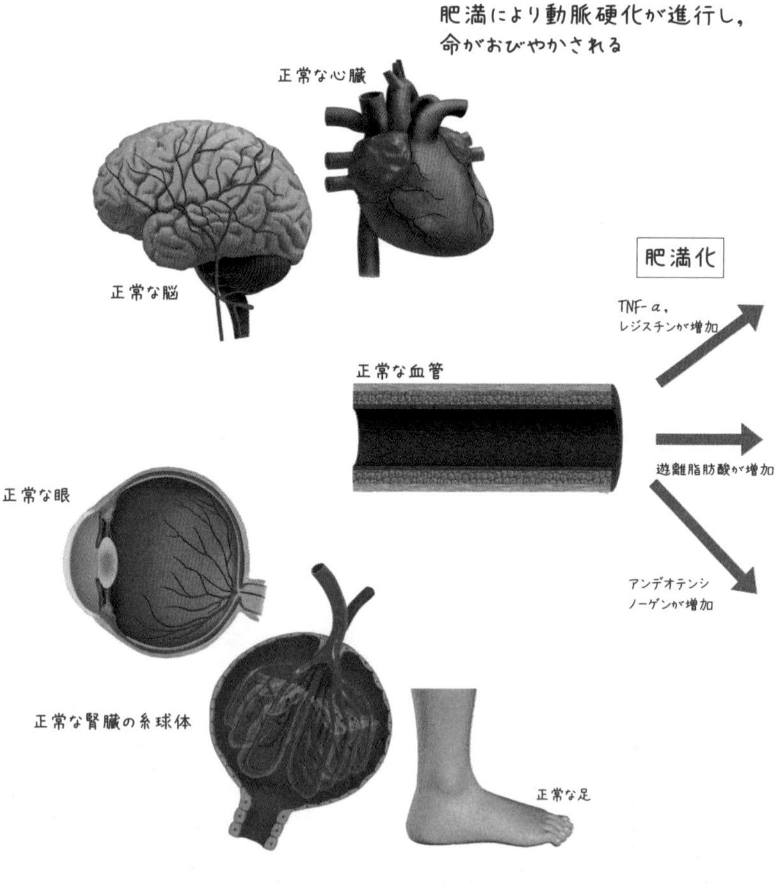

心筋梗塞，脳梗塞に脳出血，どれもとても恐ろしい病気ですね……。

はい。
また，疫学的に，肥満はさまざまな**がんのリスク**を高めることも知られています。

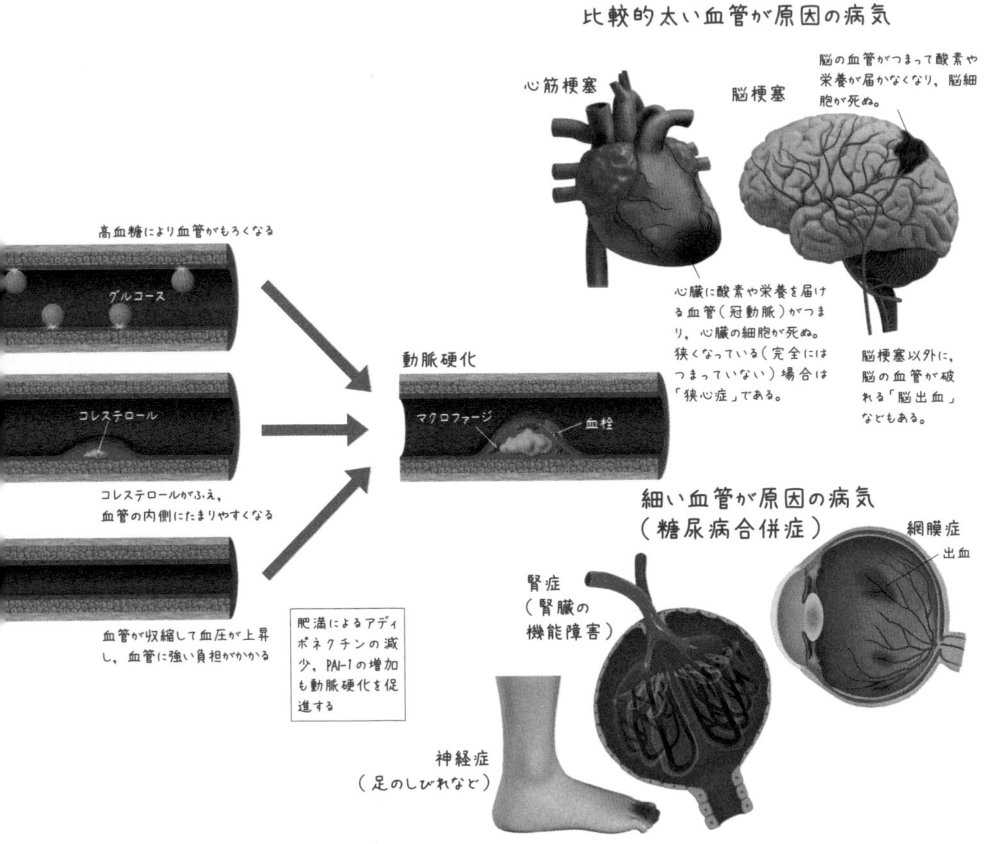

が，がんですか!?
いったいなぜですか？

くわしいしくみはよくわかっていません。しかし，インスリン抵抗性がかかわっているのではないかと考えられています。
先ほどお話ししたように，肥満は，**インスリン抵抗性**を引きおこします。
すると，血糖値が高い状態がつづくため，血液中のインスリン濃度も高く維持されます。
このことが，がん細胞の増殖をうながすのではないかと考えられているのです。

やっぱり肥満はよくない！

ただし，やせすぎもがんやそれ以外の病気のリスクを高めることが知られていますから，適正体重をたもつことが重要だといえるでしょう。

3

時間目

やせるために
知っておきたい
脳のクセ

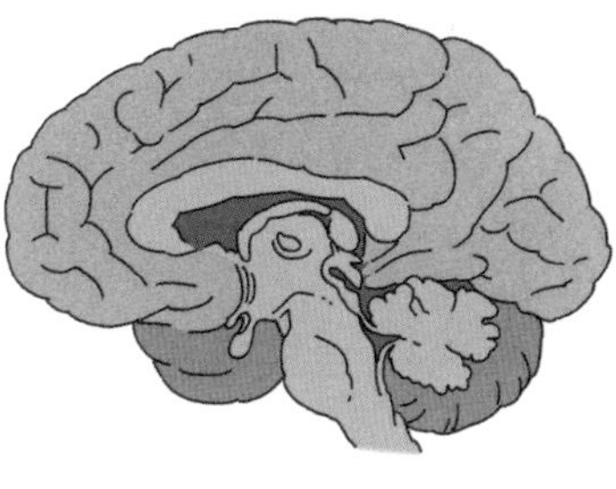

STEP 1

食べすぎるのは“脳”のせい!?

私たちがたくさん食べてしまう理由は，脳にあるのかもしれません。最新の脳科学の視点から，肥満の原因をひもといてみましょう。

ダイエットの成功は食欲のコントロールにあり

2時間目で代謝についてくわしく説明を聞いて，なぜ肥満になるのかはわかったのですが……。

どうしたんです？

やっぱり，どうしても食べたいものには手が出ちゃいます！　私の意志が弱いのかもしれませんが，ダイエットってむずかしい……。

確かに何度もダイエットに挑んでは失敗しているという人は，ダイエットを継続できず，結果を出せない自分を責めてしまいがちかもしれません。
ですが，そもそもダイエットがうまくいかないのは，決しておかしなことではないのです。

どうしてですか？

なぜならダイエットという行為そのものが，私たちの本能にあらがうことだからです。
人類が食に不自由しなくなったのは，歴史の中でみると，ごく最近のことにすぎません。それまでの人類は，長い**飢餓の時代**を過ごしてきました。
過酷な時代を生き抜いた祖先が獲得した体のしくみを，私たち現代人はそのまま受け継いでいるのです。

確かに，飢えは死に直結してしまいますもんね。

人類は飢餓にそなえて，体にとりこんだエネルギーを倹約して使うなど，エネルギーを蓄積するしくみを発達させてきました。
しかし**飽食の時代**といわれる現代においては，そのしくみはむしろ足かせとなり，肥満をおしすすめる一因になっているわけです。

ふむふむ。

それでも，理論上は消費エネルギーと摂取エネルギーのバランスがとれていれば，私たちの体は現在の体重や体型を維持することができます。
実際にそれがなかなかできないのは，私たちの脳が必要とする以上のエネルギーを欲してしまうからです。
つまり，ダイエット成功のためには，**食欲をコントロールする**ことが非常に重要だといえます。

その食欲のコントロールが，むずかしいんですよね。
そもそもどうして食欲がわいてくるんでしょうか？
これがなければダイエットも簡単なのに。

では，食欲が生まれるしくみについて，少しお話ししましょう。
私たちの食欲は，脳の視床下部とよばれる部分がつかさどっています。
視床下部には**摂食（空腹）中枢**と**満腹中枢**という二つの中枢がとなり合って存在しています。
空腹になると摂食中枢の活動が高まり，食欲や摂食行動が増加します。一方の満腹中枢は食事によって活性化され，それによって食欲や摂食行動は消失します。

脳の視床下部にある二つの中枢が，アクセルやブレーキとなって食欲をコントロールしているんですね。

脳の摂食中枢と満腹中枢が，食欲を支配する

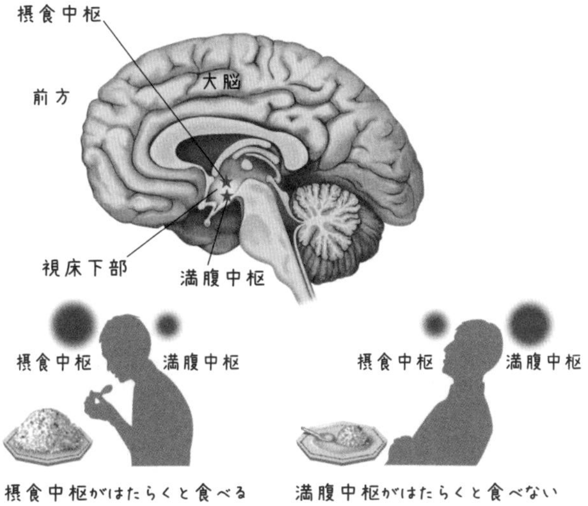

そうです。
食べ物を摂取すると，グルコースとインスリンが血流にのって脳にもとどき，摂食中枢と満腹中枢にはたらきかけます。
グルコースとインスリンは，摂食中枢に対しては活動をおさえるように，満腹中枢に対しては活動を高めるようにはたらくので，その結果，私たちは満腹感を覚えて食事をやめるのです。
このほか，白色脂肪細胞から分泌される**レプチン**というホルモンも脳の視床下部にはたらきかけ，満腹感を生じさせる一因となります。

食欲の制御に関係する物質

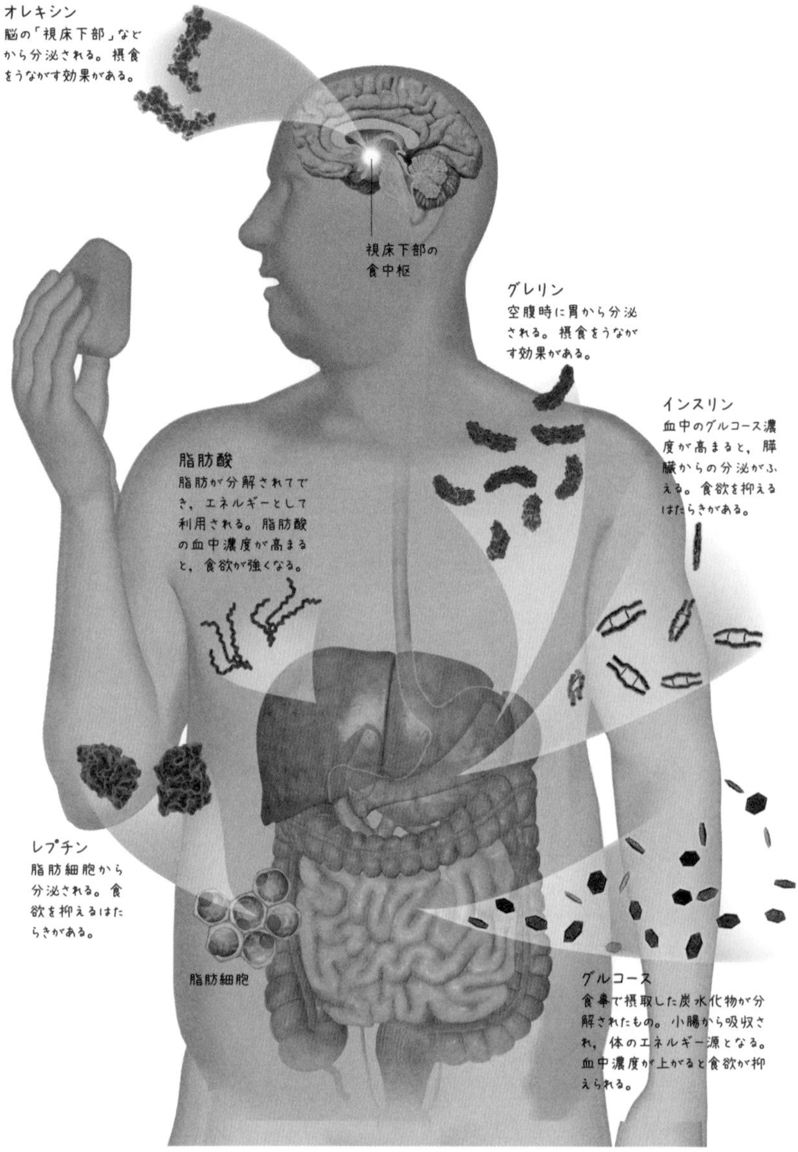

へぇ～。栄養素やホルモンが脳に作用するんですね。

はい。
一方，食事をやめてしばらくすると，血糖値が低下すると同時に，肝臓で中性脂肪が分解され，それによってできた**脂肪酸**が血中に放出されます。
また，**グレリン**というホルモンが胃から分泌されます。
こうした変化を引き金にして摂食中枢の活動が高まると，私たちは空腹を感じて食事をしたくなるのです。

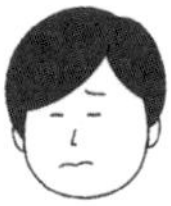

なるほど。空腹を感じるホルモンもあるんですね。

はい。
もう一つ覚えてほしい物質が，摂食中枢の神経細胞から分泌される**オレキシン**です。
オレキシンは，グレリンやレプチンによって分泌量が調節されていて，摂食量を増やすはたらきをします。

あまり分泌されてほしくない物質ですね。

いえ。そう単純な話ではありません。
遺伝子組み換え技術によってオレキシンをもたないマウスをつくったところ，普通のマウスよりも太りやすいことがわかったのです。

食欲が制御されるしくみ

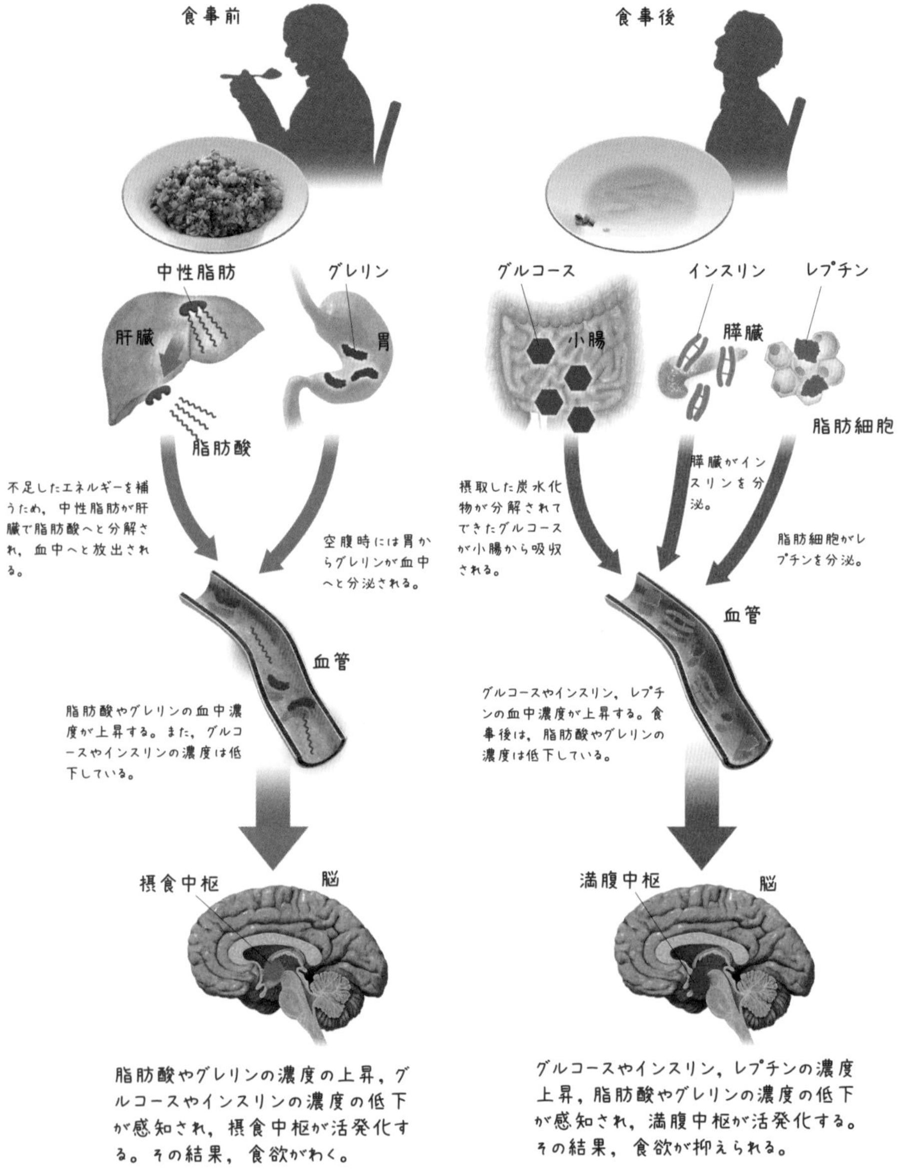

どうしてなんでしょう？

オレキシンは食欲だけでなく，消費エネルギーを高めるはたらきもしているようです。
オレキシンをもたないマウスが太ってしまうのは，摂取エネルギーが減る以上に消費エネルギーが減るためだと考えられます。

一つの物質が，複数のことなるはたらきをしているってことですね。

はい。そうした例はたくさんありますよ。
オレキシンはさらに，**睡眠**にもかかわっていることがわかっています。
オレキシンをもたないマウスは，活動中に突然，眠りこんでしまうことがあるのです。この症状は，ヒトの**ナルコレプシー**という睡眠障害と同じです。

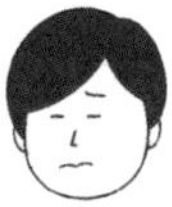

私も日中に眠くなることはよくあります。

その場合，眠いという自覚はありますよね。
ナルコレプシーの患者さんは突然眠りに落ちるので，眠いという自覚がなく，自分が病気だと思っていないことも多いようです。

気づかないうちに寝ているんですか。それは怖い……。

1時間目に少しお話ししたように，どうも食欲と睡眠は密接に関係しているようなのです。
両者をつなぐしくみはまだ十分にはわかっていませんが，オレキシンが重要なはたらきをしている可能性は高いです。

あらためて，睡眠の重要性がわかった気がします！

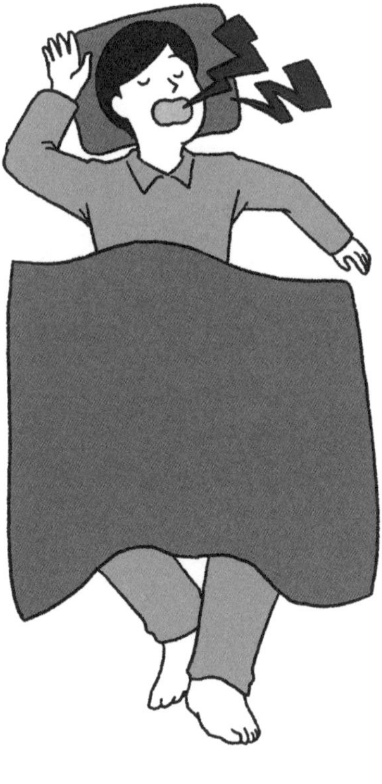

甘いものが別腹なのは，脳に「報酬系」があるから

食欲をコントロールするといっても，なかなかむずかしいです。
冷蔵庫の中にケーキが入っているのを見ると，どうしても我慢できずに食べてしまいます。

ははは，なかなかそう簡単にはいきませんよね。
ところで，なぜケーキを見ると食欲がわいてくると思いますか？

えっ，それはやっぱり生き物として，食べ物を求める，生まれそなわった**本能**じゃないですか？

ふむ。
多くの人は食欲を本能の結果だと考えがちです。
しかし実際には，さして空腹でなくても，**過去の経験から生まれる食欲**というものがあるのです。

えっ!? どういうことですか？

たとえば，私たち日本人は，**梅干し**を見ただけで唾液が出てきます。これは私たちが梅干しのすっぱさをよく知っているからおこる反応で，**条件反射**とよばれます。
しかし，梅干しについて知らない外国人は，梅干しを見ただけでは唾液が出ることはありません。

なるほど，あのすっぱさを経験してないからですね。

はい。梅干しを見たあとで，そのすっぱさを実際に経験することを**条件づけ学習**とよびます。
この学習は大脳の**側坐核**という場所で，**ドーパミン**という神経伝達物質のはたらきによっておこなわれます。

脳の断面

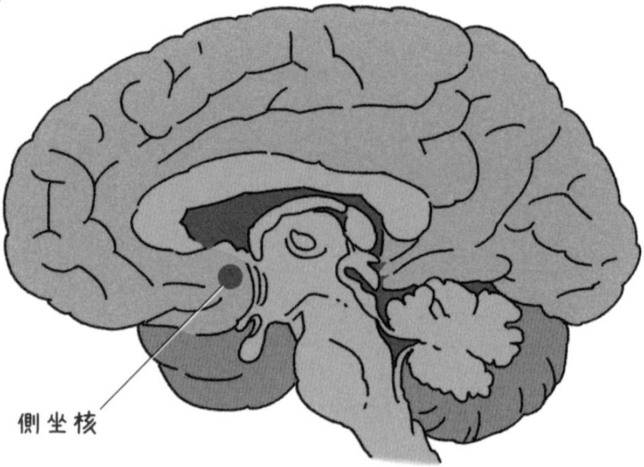

そくざかく，ドーパミン，むずかしい……。

たとえば，ティラミスをはじめて食べた人がおいしいと感じると，**ドーパミン**を分泌する神経細胞の活動が高まり，その信号が**側坐核**に届けられます。

側坐核は**快楽中枢**として知られていて，活性化によって快感がもたらされるのです。
これは，「ティラミスを食べると快感が得られる」ことを学んだわけですから，一種の**条件づけ学習**です。
学習を繰り返すことで，ティラミスを食べたいという気持ちや，ティラミスを食べる行動が強化されることになります。

一度おいしかったことを学習すると，次に食べる機会があったときに，脳がまたそれを体験したい！　って反応するんですね。

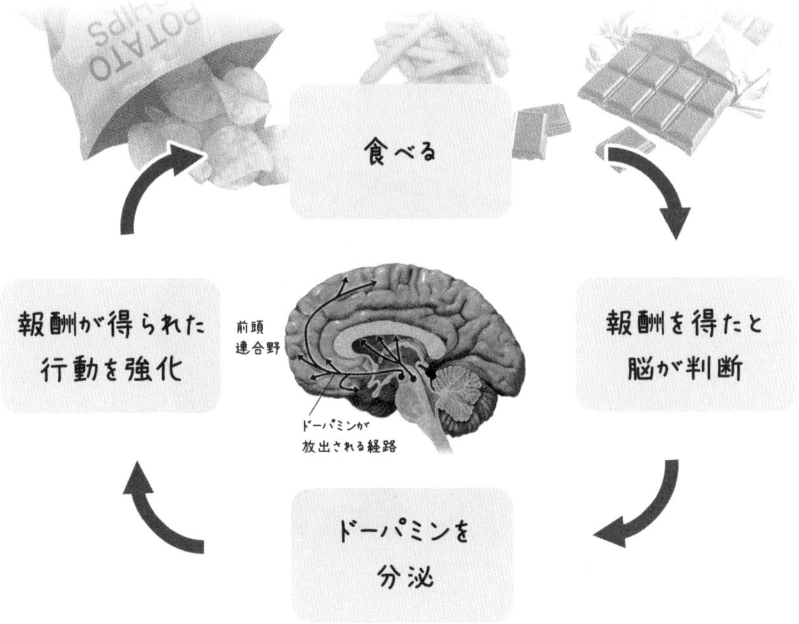

そのとおりです。
このようなしくみを**報酬系**とよんでいます。

おいしいという気持ちを，報酬と考えるわけですね。

ちなみに，**甘いものは別腹**とよくいいますが，このしくみも報酬系によって説明できます。
たとえば，おいしいイタリアンをお腹いっぱい食べた後でも，デザートはなぜか食べられますよね。

私も，どれだけお腹いっぱいでもデザートは入ります！

一般にデザートというのは甘く，オードブルやメインディッシュとは大きく味つけがことなりますよね。
私たちはそのことを経験で知っているので，デザートと聞いたときに「これまでとはちがった報酬が得られそうだ」と脳が認識して，空腹でなくても食欲がでてきてしまうのです。

ダイエットがなかなかうまくいかなかったり，生活習慣の改善がむずかしかったりするのには，脳の報酬系が大きくかかわっているんですね。

はい。**特にお腹がすいているわけでもないのに，習慣だから食べてしまう，目についたから食べてしまうという経験は誰にでもあるのではないでしょうか。**
食べる前に，ほんとうに食べたいのかを考えてみることが大切です！

条件づけ学習とドーパミン

条件づけ学習に欠かせない**ドーパミン**のはたらきについて，もう少し説明しましょう。

お願いします！

ドーパミンが脳の神経細胞から分泌されると，側坐核や前頭前野という領域が興奮し，**幸福感**や**満足感**が得られます。
そのため，ドーパミンは**脳内麻薬**や**幸福ホルモン**ともよばれているんです。

脳内麻薬！
なかなか怖い響きですが，よく聞く表現ですね。

ドーパミンの分泌によって生じる条件づけ学習は，無意識のうちに行われますから，本能との区別がつきにくいんですよ。

食欲があるのは，お腹がすいているせいなのか，条件づけ学習のせいなのかわかりにくいということですね。

はい。
それと，条件づけ学習には，**報酬予測誤差**というものがかかわることがあります。

たとえば，あまり期待せずに食べたお菓子が，**思いのほかおいしかった**とします。この場合，食べる前に予測した報酬と，実際に得た報酬との間には，大きな差がありますよね。

最初のハードルが低かったわけですからね。

ええ。こうした差のことを**報酬予測誤差**といいます。
この誤差が大きければ大きいほど，ドーパミンの分泌量は増えると考えられています。
つまり，報酬予測誤差の大きかった食べ物は，条件づけ学習を強化するので，また食べたくなってしまうのです。

なるほど。
「意外とおいしい！」には，気をつけないといけませんね。

ちなみに，**仕事をしたあとのビール**がおいしいことにも，この報酬予測誤差がかかわっているという研究があります。
私たちは苦労をすると，その分だけ報酬を低く見積もるようになるのですが，実際に得られる報酬は変わらないので，報酬予測誤差が大きくなるようです。

たしかに肉体労働のあとのビールは，たまりません！
これも脳のしくみで説明がつくんですね。

ポイント！

食事における「報酬予測誤差」

脳が予測した報酬（食事のおいしさ）と，実際に得られた報酬との差を意味する。この誤差が大きいほどドーパミンの分泌がうながされ，「おいしいからもっと食べたい」という条件づけ学習が強化される。

食べるか食べないか，自制心は「前頭前野」しだい

摂食中枢の活性化や，条件づけ学習によって食欲が生まれたとしても，実際に食べるという決断をするのは，脳の**前頭前野**という部位です。
前頭前野には，**内側前頭前野**と**背外側前頭前野**があります。

その二つの領域は何をしているんでしょうか？

まず，**内側前頭前野**は，その名のとおり前頭前野の内側に存在していて，**本能的な価値判断**を行う部位です。
一方，**背外側前頭前野**は，前頭前野の中で外側かつ上側に存在していて，**自制心**など比較的高度な認知機能をつかさどる部位として知られています。
この二つの部位が関係しあって，食事をするのか，しないのかを最終的に判断しているのです。

もし，前頭前野がうまくはたらかないとどうなるんでしょうか？

レバーを押せば餌がもらえることを学習したマウスの前頭前野を壊すと，このマウスはいくら食べてもレバーを押しつづけたそうです。
「レバーを押したら餌がもらえる」という条件づけ学習によって生まれた食欲に，歯止めがかからなくなった状態だと考えられます。

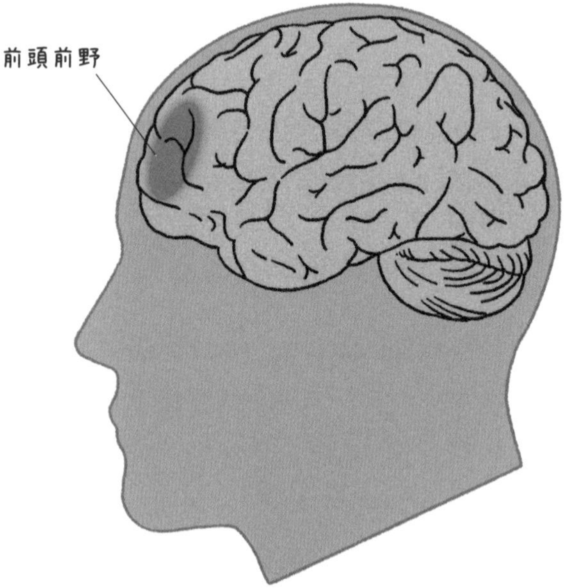

えっ!?
前頭前野が壊れると，食欲にあらがうことができなくなるということですか!?

ええ。
たとえば，お腹が減っているときに，目の前に**お弁当**が置かれているとしましょう。

たとえ空腹でも，誰のものだかわからないお弁当を勝手に食べることは，普通ありませんよね。
これは前頭前野の活動により，自制心がはたらいているためです。

お腹が減ったからといって人のお弁当を食べてしまったら，一気に信頼関係がくずれてしまいますよね。
前頭前野って，私たちが理性ある人間でいるために，とても重要な部分なんだなぁ。

自制心が生まれるしくみ

食べてしまうか，それとも食べないで我慢するかという葛藤は，ダイエットを始めれば，誰もが経験することだと思います。
この葛藤を乗りこえて，食べることを我慢するためには，**自制心（セルフコントロール）**が生まれるしくみを知っておくとよいでしょう。

セルフコントロールのしくみ！　ぜひ知りたいです。

実験心理学によると，自制心は，そのときの**心理状態**に大きな影響を受けます。

たとえば，レストランでメニューを見たとき，Aランチ，Bランチ……とたくさん選択肢があると，選ぶことに疲れてしまい，自制心がなくなって，適当なものを選びがちになります。

それ，経験あります。
結局はよく考えずに注文して，「やっぱりこれじゃなかった……」って後悔しちゃうんです。
あれって，選ぶのに疲れちゃっているからなんだ。

一方，行動経済学の研究成果によれば，私たちは遠い将来よりも，すぐに得られる報酬を高く評価する傾向があります。

食べ物でいうと，体にいいかどうかよりも，おいしいかどうかを重視するってことですかね。

はい。
そうした本能的な価値判断は，主に**内側前頭前野**が担当しているようです。
そこに**背外側前頭前野**で生まれる自制心が加わって，**最終的な意思決定**が行われるのだと考えられます。

この二つの領域がおたがいに影響して，食べるか食べないかを決めるってことですか？

そうですね。
二つの領域がどのようにはたらいているのか調べたアントニオ・ランゲル博士らの研究があります。
この研究では，ダイエット中の人を自己管理ができているグループと，できていないグループに分け，**50種類の食品**からどれを食べるか選ばせていました。そのときに前頭前野の二つの領域の活動を調べたのです。

50種類かぁ。たくさんありますね。
どういう結果が出たんでしょうか？

まず，自己管理ができているグループは，それぞれの食品の**味**だけではなく，**体によさそうかどうか**も評価に加えて，食べる食べないを判断していることがわかりました。このとき，**背外側前頭前野**が大きく活動していました。

おいしさだけでなく，将来的な価値も評価に入っていたということですね。

ええ。
一方，自己管理ができていないグループは，食べ物の価値判断を味だけで行っていました。
このとき，内側前頭前野の活動は高かったのですが，背外側前頭前野はあまり活動していませんでした。
これらのことから，背外側前頭前野の活動が，食べすぎを防ぐために重要だと考えられています。

なるほど。

「背外側前頭前野」をはたらかせよう

脳の意思決定は，得られる報酬の大きさや，その報酬が得られる可能性（確率）にもとづいて行われます。
内側前頭前野には，**短期的に得られる報酬**の大きさや確率を判断する役割があると考えられています。

ふむふむ。

一方，**背外側前頭前野**はどちらかというと，**将来得られる報酬**の大きさや確率を判断する役割を担っているようです。
内側前頭前野と背外側前頭前野が役割分担をすることで，より客観的な価値判断ができるようになっているのだと考えられます。

どちらも大事だけれど，食べ物を目の前にして我慢するには，背外側前頭前野のはたらきがとくに重要ということですよね。

そうですね。**自制心とかかわりが強いのは背外側前頭前野です。**

どうにか，背外側前頭前野の活動を高めることはできないのでしょうか？

むずかしい質問ですが，できるだけ長期的な視野に立って，ダイエットや減量の成功をイメージすることが大切だと思います。

具体的にはどうすればよいのでしょうか？

たとえば，少し痩せたら着られる服を買い，部屋にかざっておくのはどうでしょう。
憧れの体をもつ有名人の写真や動画を見たり，食事やトレーニング法を真似してみたりすることも有効だと思います。

将来の成功をできるだけ具体的にイメージすればいいんですね。よーし，私もそう考えてがんばろうっと！

ポイント！

内側前頭前野

短期的に得られる報酬の大きさや確率を判断している。この部位が活動しても，自制心は生まれない。

背外側前頭前野

自制心など，比較的高度な認知機能をつかさどっている。この部位の活動を高めるには，少し痩せたら着られる服を部屋にかざる，憧れの体をもつ有名人の写真や動画を見るなど，将来の成功をできるだけ具体的にイメージするとよい。

せっかちな人は太りやすい？

ここまで，目先の報酬と将来の報酬についてお話ししてきましたが，これは行動経済学の**時間割引**という考え方と密接に関係しています。

時間割引？

時間割引とは，今すぐ得られる報酬にくらべて，将来の報酬は価値が割り引かれる（低く見積もられる）ということを示す概念です。

ひとつ質問をしましょう。**今すぐ**もらえる1万円と，**明日**もらえる1万円だったら，どちらを選びますか？

もちろん，今すぐもらえる1万円です！

では，今すぐだと9000円しかもらえないけれど，明日だと1万円がもらえるとしたら？

それは，ちょっと迷いますね……。

迷うということは，脳が「今日の9000円と，明日の1万円の価値はだいたい同じ」と判断しているわけですね。

今すぐ得られる報酬に対して，将来の報酬の価値が何パーセントくらい割り引かれているかを数値化したものを，**時間割引率**とよびます。

うーん，私はどちらかというと，時間割引率が高いほうかもしれません。

実は，太っている人はせっかちで，この時間割引率が高い傾向にあるんです。

太っている人は，目の前にある食べ物のおいしさに比べれば，将来のやせた自分には大した価値がないと考えているってことでしょうか？

残念ながら，そういうことですね。
ある研究では，時間割引率が高い人は太りやすいだけでなく，多額の借金，過度の飲酒，喫煙，ギャンブルなど，将来の不利益につながる行動をしがちであることがわかっています。

時間割引率の高さは，ダイエットだけじゃなく，人生そのものにも影響がありそうですね。気をつけないと。

ポイント！

時間割引率

今すぐ得られる報酬に対して，将来の報酬の価値が何パーセントくらい割り引かれているかを数値化したもの。時間割引率が高い人は太りやすいだけでなく，将来の不利益につながる行動をしがちである。

感情がゆさぶられると「食べすぎ」がおこる

仕事や恋愛などの強いストレスを感じたとき，「おいしい料理を食べてストレスを解消しよう！」と思う人は少なくないでしょう。
でも，感情的になっているときは，食べすぎてしまいがちですから，注意が必要です。

たしかに仕事でイライラすることがあると，家に帰ってから無性にお腹が空くんですよね。
いわゆるやけ食いです。これってなぜおきるんでしょうか？

その理由も**報酬予測誤差**にあるのではないかと考えられています。
仕事をしたあとと同じように，感情がゆさぶられたときも，報酬予測誤差が大きくなりやすいのです。報酬予測誤差が大きくなれば，その分だけドーパミンの分泌量も増えると考えられます。

確かドーパミンの分泌によって，「おいしかったからまた食べよう」という学習が強化されるんでしたよね。

そのとおりです。
感情や情動の中枢と呼ばれる扁桃体と，報酬予測誤差に応じて活動が変化する線条体（側坐核）の神経細胞は，強く結びついていることが研究によって明らかになっています。
また別の研究では，恐怖を感じている人の表情を見て，感情がゆさぶられると，学習のスピードが上がることが示されています。

ということは，つまり……？

ストレスがかかっているときの食事では，学習のスピードが上がり，「空腹ではないけれどもおいしいから食べる」という反応が強化されやすいと考えられます。

なるほど。ストレス解消と食事が結びつくと，いつのまにかダイエットとは逆の思考パターンになってしまうかもしれないんですね。

はい。感情がゆさぶられたときは，気持ちを少し落ち着けてから食事をした方がよさそうです。

食べすぎは薬物依存と似ている

ドーパミンの分泌による条件づけ学習は，実は**薬物依存**にも関係しています。
食べすぎだとわかっているのに食べてしまうという状態は，薬物依存症に近いものがあります。

薬物依存症!?　ちょっと大げさじゃないですか……？

この説を唱えているのは，アメリカ国立薬物乱用研究所所長のノラ・ボルコフ博士です。
コカイン，アルコール，マリファナ，メタンフェタミンなどの薬物を乱用すると，報酬系をになう**大脳辺縁系**に加え，**前頭前野**に機能障害がおきることがわかっています。

前頭前野って，いろいろな判断や，行動の制御をするところでしたよね。

ええ。
薬物乱用などによっておきる前頭前野の機能障害は，**ドーパミンD2受容体**の数や機能が低下することによって引きおこされるようです。

ドーパミンD2受容体？

ドーパミンを「鍵」だとすると，その鍵穴のようなものです。
このD2受容体の数や機能が低下すると，前頭前野のはたらきがうまくいかなくなります。

そうなると，どうなるんですか？

たとえば勤務中にお酒を飲もうと誘われたら，あなたはどうしますか？

もちろん，ことわりますよ！
お酒は，仕事が終わってから飲むものです。

そうですよね。
前頭前野が正常にはたらいていれば，このような提案は断れます。**ところが，前頭前野の機能が低下していると，状況判断がうまくできなくなり，断れなくなるのです。**
こうしたことが重なって，依存症の状態におちいるのです。

いわゆる，アルコール依存症ですか……。

はい。
そしてボルコフ博士の研究によると，BMIが35以上という高度肥満者の脳では，薬物依存患者の脳と同じようにドーパミンD2受容体が減少し，前頭前野の機能も低下していることがわかったそうです。

なるほど，薬物依存症と同じようなしくみで，食べすぎてしまうんですね……。
食べることにそこまで依存性があるとは思っていなかったので，びっくりしました。

ダイエットのポイントは条件づけ学習について知ること！

それにしても，食欲が学習の結果生じるものだったとは……。

はい。食欲は，本能だけで決まるものではありません。私たち人間の場合，報酬系というしくみがもたらす学習が，食欲に強い影響を与えています。

報酬系は，どんなことで活性化されるんでしょうか？

食べ物の場合は，見た目やにおいですね。たとえば，おいしそうなものを見て，食べたくなった経験はありますよね？

あります！　つい最近も，夜中にカップラーメンのCMを見たら，何だか無性に食べたくなってきて，結局食べちゃいました……。

フフ。そのようなことはよくありますよね。ほかにも，よく通う飲食店の近くを通るだけで，食欲が高まることがあります。
厳しい食事制限をしていると，飲食店の看板を見たり，ネオンを見たりするだけでも，食欲が出てきてしまうことがあるようです。

反対に，ダイエット中にどうしても食べたいっていう欲求も，学習でおさえられないですかね？

いいところに気がつきましたね！
行動をうながす学習だけでなく，行動を回避したり，抑えたりする学習も当然あります。

やっぱり！
その方法を，具体的に教えてください！

食事の場合，料理の**見た目**や**におい**が，おいしさや満腹感と結びついて，条件づけ学習がおこるわけです。
たとえば，料理の器がどぎつい紫だったり，テーブルクロスや部屋の壁紙が青や黒だったりしたら，食欲はわきそうですか？

う〜ん。あまりわかなそうです。

そうですよね。
ある研究において，赤，オレンジ，黄といった暖色系は食欲を増進させ，黒，茶，紫，青が食欲を減退させる色であるということがわかりました。

へぇ！　視覚的なアプローチで食欲を減らしていくんですね。でもなぜ暗い色を使うと，食欲が減退するんでしょうか？

その理由はよくわかっていません。ただ，黒や紫は苦味に対応しているためと考えられています。
また，青は食物として自然界にあまり存在しないためかもしれません。

確かにコーヒーとか，コゲとか，黒いものは苦いことが多いですね。

ですから部屋や食器の色を変えることで，食欲をおさえることができるかもしれません。

食欲のわきにくい色を使えば，自然と食べる量をおさえられそうですね！
いろんな工夫があるんだなぁ。
それにしても，食欲が学習の結果生じるものだったとは……。

知識や目標があれば，ダイエットは成功しやすい

条件づけ学習は側坐核を中心にして行われるのに対して，前頭前野は状況を把握して意思決定を行っています。とくに，背外側前頭前野はさまざまな情報を統合して，食事をとるかとらないかを判断しています。
先ほど，背外側前頭前野の活動を高める方法のヒントをお伝えしましたが，**食べないことで得られるメリット**を知らないと，なかなかその活動は高まらないかもしれません。

背外側前頭前野って，**自制心**にかかわる領域でしたね。食べないことで得られるメリットとは，たとえばどんなものでしょう？

先に食べることで得られるメリットについて説明しましょう。
食べすぎてしまう人は，**食材や料理への関心**が高いことが多いと思います。
インターネットなどを使って情報を仕入れてから，お店に行くことを楽しみにしている人もいるでしょう。

ふむふむ。あくなき食への関心によって，あらゆる情報を得ているわけですね。

一方，出費が減る，太らずにすむ，など**食べないことで得られるメリット**もあるはずですが，これらはなかなか意識されません。
このような状態だと，背外側前頭前野がうまくはたらかずに，食べるという意思決定をしてしまうことが多くなるのです。

なるほど，食べることと食べないこと，**両方のメリット**を知っておくことが大事なんですね。

はい。
背外側前頭前野は，料理の味や食感，見た目というよりは**将来的なメリットや報酬**を考慮して，摂食行動をするかどうかの判断をする部位です。

ですから，ダイエットや減量の科学的知識を身につけることも，背外側前頭前野の活動を高めるために重要です。さらに，明確な目標をもつことも，背外側前頭前野の活動を高めることにつながります。

明確というと，**1か月で5キロ痩せる！**
とかでしょうか？

その目標は，確かに明確ですが，かなりハードルが高いですよね。もっと短期的で小さな目標の方がいいですね。

たとえば，どんなものでしょう？

夜の8時以降は何も食べない，とかですね。
8時に特別な意味はないので，生活習慣によって7時や9時に変えてもいいです。
このくらいならできそう，という人も多いのではないでしょうか。

そんなことでいいんですか。

まずはこのくらいで十分ですよ。もう少しゆるくてもいいくらいです。
たとえば，週に1日は8時以降に食べてもよいことにするとか。目標が何かということよりも，達成することが大事なのです。

小さな目標でも，達成できればうれしいですもんね。

ええ。
ひとつ達成できたら，目標を少しだけ高くしてもいいですし，また別の目標を加えることもできます。
たとえば，夕食のご飯をおかわりしない，のように達成できたかどうかがはっきりわかる目標がおすすめです。
この考え方は，運動にも応用できますね。

なるほど，何だかダイエットが簡単なものに思えてきました！

野生動物はなぜ肥満にならないのか？

キリンやライオン，クマなどの野生動物には肥満体がほとんどいませんよね。
自ら行動しないと食料を得られないのですから，太りにくいのは当然のことではありますが，報酬系がはたらきにくいことも一因かもしれません。

どういうことですか？

野生動物は，生きていくのに必要な栄養をとることに精一杯です。また，食事中にほかの動物におそわれる可能性もありますから，食事を楽しんだり，おいしさを感じたりする余裕はあまりないと考えられます。

いわれてみると，太った野良ネコなんて見たことないかも。
けど，ペットとして飼われている動物は，太っていることも多いですよね。かわいいですけど！

確かに，しばしば肥満体のペットを見かけますね。
それはあたえられる食事の量が多いこともあるでしょうが，**人間の食べ物**をあげていることが原因かもしれません。
人間向けにつくられたおいしい食べ物を知ってしまったために，報酬系が活性化して，食べすぎになっている可能性があります。

なるほど。そういえば昔飼っていたネコに，つい人間の食べ物をあげてしまったら，そのあと何度もねだりにきたことがありました。

ある実験で，ラットに蒸留水と，合成甘味料であるサッカリンを加えた水をあたえたところ，サッカリンを加えた水の方をよく飲んだそうです。

へぇ！　ラットも甘いものが好きなんですか。

サッカリンはノンカロリーなので，ラットにとってエネルギー源にはなりません。つまり甘みに反応して，摂取量がふえたと考えられるのです。

たとえ動物でも，甘さやおいしさを知ってしまえば，とりすぎてしまうわけですね。
おいしいものをたくさん知っている私たち人間なら，なおのことですよね。

ジュースやスナック菓子などはとりすぎになりやすいですね。
これらはおいしいですが，口の中からすぐになくなってしまいます。
そのため，報酬系が活性化されて，やみつきになりやすいのです。

やめられない，止まらないにもちゃんとした原因があったんですね。何とか止める方法はないんでしょうか。

食べはじめてから止めるのはむずかしいので，ジュースは飲まない，スナック菓子は食べない，と決めてしまうのが最も簡単ですね。
一切とらないようにするのがむずかしければ，コップ1杯だけ，週に1日だけ，というように量や機会をあらかじめ決めておくのがよいでしょう。

なるほど，勉強になります。

私たちの食欲は，最終的には脳の活動によって生まれるものです。脳の特徴を知ることで，誰でも食欲をある程度コントロールすることが可能となります。これまで失敗を重ねてきた人は，その原因を脳のしくみから考えてみるといいでしょう。

4

時間目

健康的にやせるための食事と運動

STEP 1

健康的にやせるための食事の秘訣

ダイエットで重要なのは，健康的な食事と運動です。ここでは具体的にどのような食事が減量にとって有効なのか，最新の研究結果をもとに解説していきます。

カロリーとは何か？

減量するうえで第一に考えなくてはならないのは，やはり**食事**です。
しかしその前に，食事にはつきものの**カロリー**について，今一度くわしく説明しましょう。
カロリーについてよく知ることが，かしこくやせるコツといえます。

カロリーといえば，ファミレスのメニューやコンビニの商品に表示がありますよね。
あまり気にしたことがありませんでしたけど，大事なものなんですね。

カロリーはもともと物理学で熱量を示すために使われていた単位です。
1カロリーは1グラムの水の温度を1℃上昇させるために必要な熱量のことです。

栄養学では，1カロリーの1000倍である「キロカロリー（kcal）」をよく使います。
各食品の物理的な熱量は，実際にそれを燃やすことで測定されます。

えーっ!?
実際に燃やすんですか？　知りませんでした……。

しかし，さまざまな食品のカロリーが記載されている「日本食品標準成分表」では，実際に燃やすことで得られる熱量よりも，**やや低い数値**が使われています。

えっ，なぜですか？

人間の体は，かならずしも食べ物のもつエネルギーをすべて消化，吸収，利用できるわけではないからです。
三大栄養素1グラムにつき，私たちが実際に利用できるエネルギー（生理的熱量）は，糖質で4キロカロリー，脂質で9キロカロリー，タンパク質で4キロカロリーとなります。

脂質は，糖質やタンパク質よりも高いんですね。

そうです。**脂質は糖質やタンパク質とくらべて，同じ量（重さ）でも，2倍以上のエネルギーをもっています。**

脂質をとりすぎると太りやすいのは，生理的熱量が大きいからということがわかるでしょう。

なるほど。そう考えると食品のカロリー表示って，とても参考になりますね。

各料理や食品に含まれるカロリーのめやす

料理名・食品名（分量：主な食材の重さ）	カロリーの値
ご飯（1膳：150g）	230kcal
食パン（6枚切り1枚：60g）	150kcal
クロワッサン（1個：50g）	200kcal
カレーライス（1皿：ご飯200g）	520kcal
親子丼（1杯：ご飯200g）	550kcal
オムライス（1皿：ご飯200g）	780kcal
チャーハン（1皿：ご飯200g）	670kcal
ラーメン（1杯：めん120g）	480kcal
焼きそば（1皿：めん150g）	600kcal
きつねうどん（1杯：うどん200g）	420kcal
スパゲティミートソース（1皿：めん100g）	710kcal
とんかつ（1皿：豚肉100g，ご飯等除く）	500kcal
ぎょうざ（6個：ひき肉40g）	230kcal
からあげ（1人前：鶏肉150g）	380kcal
ハンバーグ（1皿：ひき肉80g）	260kcal
ビーフシチュー（1皿分：牛ばら肉60g）	510kcal
サケのホイル焼き（1皿分：サケ80g）	170kcal
サバの味噌煮（1皿分：サバ80g）	170kcal
カステラ（1切れ：50g）	160kcal
ショートケーキ（1切れ：100g）	320kcal
ミルクチョコレート（板チョコ1枚：100g）	550kcal
ソフトクリーム（1個：100g）	150kcal

カロリーの値は，食材の種類や量によって変わるため，数値はおおまかなめやすとして参考にしてください。数値は日本食品標準成分表2020年版（八訂）などを参考に作成し，1の位を四捨五入しています。

減量は急がばまわれ

結局，摂取エネルギーが過剰になると太るわけですから，低カロリーな食事をすればいいわけですね。

1時間目でもお話ししましたように，確かに摂取エネルギーをおさえることは重要です。しかし，急激な食事制限によって体重が減少すると，危険を察知した体は，消費エネルギーをできるだけ減らそうとします。
すると，摂取したエネルギーは脂肪として体内にたくわえられやすくなるのです。

いわゆるリバウンドの原因ですね。

そうなんです。
リバウンドは，体内の環境を一定に保つ**ホメオスタシス（生体恒常性）**という機能によって生じます。短期間に大きく体重を減らすと，ホメオスタシスによって，体重をもとにもどそうとするはたらきも強くなってしまいます。

じゃあ，どうすればいいんでしょうか？

ゆっくりとしたペースで減量する方が，長期的には成功しやすいといえるでしょう。

そのためには，少しずつ食事量を減らしていくことをおすすめします。
たとえば，ご飯やおかずの量を，まずは一口ずつ減らしてみるといいでしょう。この程度なら，それほどつらくもなく，次第に体が慣れていきます。そうしたら，二口ずつ，さらに慣れたら三口ずつ……というように，気づかない程度にゆっくりと食事量を減らしていくといいでしょう。

なるほど。
結局，減量は「急がばまわれ」ということなんですね。

はい，そのとおりです。
また，食事による減量を進めるうえで大切なのは，**総摂取エネルギー**をいかに減らすかということです。
近年，注目されている「糖質制限ダイエット」や古典的な「脂質制限ダイエット」など，特定の栄養素の摂取だけを制限する食事方法があります。
しかし，総摂取エネルギーをそろえた場合，これらの食事方法と，三大栄養素をバランスよく摂取する食事方法とで，減量効果に大きなちがいはないことがわかっています。

へー，やっぱり大事なのは総摂取エネルギーなんですね。

はい。特定の栄養素を極端にカットすることは，体に悪影響をおよぼす可能性があります。
「栄養バランスのよい食事」を「規則正しく」「ゆっくりとよくかんで」食べることが，健康的な減量の基本です。

ごくごく当たり前のことに思えますが，健康的にやせるには，それが一番なんですね！

はい。
ゆっくりよくかんで食べることで満腹中枢が活性化されやすくなりますし，決まった時間に食事をすることで，空腹による食べすぎをさけられます。
食事の間隔がどうしても空いてしまう場合は，間食をするのもおすすめです。そのときは次の食事の量を，間食した分だけ減らさないといけませんけどね。

ふむふむ。理想の食生活ですね。
基本に忠実に，無理なくつづけることが一番の近道かも！

これまで失敗を重ねてきた人は，無理せずじっくりと，急がばまわれの精神で減量に取り組むことを意識してほしいです。

糖質中心の食事は空腹を感じやすい

先生，私，お昼はどんぶりものとか，おにぎりとか，糖質中心なんですけど，そのあとすぐにお腹が空いてしまうんですよね。
それでついつい午後の仕事中にお菓子をたくさんたべてしまいます……。

実は糖質には，脳の満腹感を狂わせる性質があるんです。つまり糖質中心の食事をしていると，空腹を感じやすくなります。

えっ!? そうなんですか？

脳の視床下部には，満腹感を生みだす神経細胞が集まる**満腹中枢**があります。

栄養が十分に足りた状態になると，この満腹中枢は食べたい気持ちをおさえるようにはたらきます。

ふむふむ，お腹いっぱいで満足した状態になるんですね。

そうです。
特に脂質やタンパク質をとりこむと，空腹感を感じさせるホルモンである**グレリン**の分泌が長い間，抑制されます。その一方で，満腹感を感じさせる**ペプチドYY**というホルモンが長い間分泌されるため，満腹感が長くつづくようになります。

糖質の場合はどうなんですか？

糖質を中心に食べている人の場合は，ペプチドYYの分泌の時間がタンパク質や脂質とくらべると短いです。そのためすぐに空腹を感じることになりやすくなります。

満腹感を感じさせるホルモンの分泌時間が短いから，すぐにお腹が減っちゃうんですね。

はい。また糖質は肝臓の門脈という血管に入って直接血流にのるため，血糖値が食後や空腹時に乱高下します。
この現象を**血糖値スパイク（グルコーススパイク）**といいます。血糖値スパイクにより血糖値が急激に下がることが，グレリンの分泌をうながし，さらに空腹感を感じるようになると考えられています。

血糖値が下がることで，空腹感を感じさせるホルモンが分泌されるんだ。
二つのホルモンが空腹をうながすようにはたらくんだから，それはお腹が空くはずですね！
糖質中心の食生活にならないよう，気をつけなくちゃ。

食事をするだけでエネルギー消費量が上がる？

食べたあとすぐに寝たら太りやすいってわかってるんですけど……。食べると体がポカポカして眠くなって，つい寝落ちしちゃうことがあるんです。

食べると体が熱くなるのは，**食事誘発性熱産生（DIT）**の影響です。
これは食事によって摂取した栄養素の一部が，熱のエネルギーとして消費されることで引きおこされます。

栄養素を代謝することで，体が熱くなるくらいの熱が発生するんですか？

はい。小腸で栄養が消化吸収されるときや，吸収した栄養素によってATPが生みだされるとき，さらに余ったエネルギーをグリコーゲンとして貯蔵するときに熱が発生します。

このため，食事をしたあとは安静にしていてもエネルギー消費量が増えます。これが食後に体が熱くなる原因ですね。

なるほど。

食事誘発性熱産生の程度は，栄養素の種類によってことなります。**脂肪**は摂取エネルギーの**約３％**，**炭水化物**は摂取エネルギーの**約５～10％**，**タンパク質**は摂取エネルギーの**約20～30％**です。
エネルギーバランスの取れた食事を摂取すると，食事誘発性熱産生は1日の消費エネルギーの約5～15％にも相当するといわれています。

5～15％もですか！

食事誘発性熱産生は，よくかんで食べるほうがより高くなります。ですから，食事を摂取するときには，すぐに飲みこまず，よくかんで食べるほうが，エネルギーをより消費することができるのです。

「咀嚼ダイエット」って，聞いたことがあるのですが，かむことでエネルギーを消費することだったんですね！

ちなみに肥満でインスリン抵抗性の症状が出ている人は，エネルギー消費量が減るようです。

参考文献：
Tappy, Reprod Nutr Dev. 1996;36(4):391-7.doi: 10.1051/rnd:19960405.
Westerterp, Nutr Metab (Lond). 2004 Aug 18;1(1):5.doi: 10.1186/1743-7075-1-5.

また早い時間に食事を摂取したり，アルコールやタンパク質を摂取したりするとエネルギーの消費量は高くなり，逆に遅い時間に食事をしたり，脂質を摂取したりするとエネルギー消費量は低くなると考えられています。

食事誘発性熱産生は，体格や食べる内容，時間によっても変化するんですね。覚えておきます！

こんにゃくはなぜ低カロリーなのか？

ヒトがすべての食べ物を消化できるわけではないってことは，消化できないもののカロリーはゼロということですか？

はい。たとえば紙は燃やせば熱エネルギーを発生しますが，ヒトが紙を食べても消化することはできません。つまり仮に紙を食品として考えるなら，紙はゼロカロリーになります。
紙を食べるのはむずかしいですが，減量するうえで，消化できない食べ物を利用するのは一つの手です。

ふむふむ，人が消化できない食べものって何ですか？

代表的なものでは，こんにゃくなどに含まれる**食物繊維**です。

こんにゃくの97％は水分，残りの3％は，体内で消化しにくい成分である食物繊維でできています。
ですからこんにゃくのカロリーはとても低いんですよ。

へぇ，こんにゃくって食べてもほとんど消化されないんですね。
そういえば，ゼロカロリーとうたった食品を最近よく見かけるようになりました。あれはどういうことなんでしょうか？

たとえばゼロカロリーの表記は，100グラムあたり5キロカロリー未満（飲料なら100ミリリットルあたり5キロカロリー未満）でゼロカロリーと表示してよいことになっています。

えっ!? ゼロカロリーって，5キロカロリー未満のカロリーはあるってことなんだ！

ええ，まったくのゼロ，ということではありません。
同じく「カロリーオフ」の場合は，100グラムあたり40キロカロリー以下（飲料なら100ミリリットルあたり20キロカロリー以下）とされています。
食品の栄養表示には**栄養表示基準**というルールがあり，ゼロカロリーやカロリーオフといった表示もその取り決めにしたがっているんですよ。

知りませんでした……。

ちなみに「糖質ゼロ」表示は，食品100グラムあたり糖類0.5グラム未満，飲料なら100ミリリットルあたり糖類0.5グラム未満で，「糖質オフ」表示は，食品100グラムあたり糖類5グラム未満，飲料なら100ミリリットルあたり糖類2.5グラム未満となっています。

糖質ゼロや糖質オフってよくお酒の缶に表示がありますけど，これも同じことなんですね。

ええ，ただ，定められた量より多くは入っていないので，判断基準にはなると思います。
食品を選ぶときは，こうしたカロリー表示も注意してみてくださいね。

WHOが発表！　人工甘味料は減量に効果がない

先生，この前ゼロカロリーコーラを飲んだんですけど，
ほんとうにカロリーゼロなんですか？
ちゃんと甘かったですけど。

そうですね。普通のコーラには糖分がたくさんはいっているので，カロリーは高いはずです。
しかし，ゼロカロリーとうたったコーラは普通の砂糖のかわりに人工甘味料を使っているため，カロリーをほぼゼロにすることができているんですよ。

じんこうかんみりょう？

人工甘味料は，体に吸収されてもエネルギーとして利用されずに体外へ排出されてしまったり，少ない量でも十分に甘さをもったりした物質です。
たとえば，人工甘味料の一つアスパルテームは，1グラムあたりのカロリーは砂糖と同じですが，砂糖の200倍の甘さをもっています。そのため，使用量を少なくでき，摂取カロリーを減らすことができるのです。人工甘味料はほかにも，アセスルファムカリウムなどがあります。

ということは，人工甘味料が入った食品ばかりをとれば，カロリーがおさえられて，減量効果が期待できるわけですね！

いえ，そのあたりは，今まさに議論がおきているところなんです。
実は2023年5月，WHO（世界保健機関）がさまざまな分析結果にもとづいて，**「体重管理や（生活習慣病などの）非感染性疾患のリスク低減の手段として，非糖質系甘味料を使用しないことを推奨する」**とするガイドラインを発表したのです（ただし糖尿病の患者を除く）。
なお，非糖質系甘味料というのは，人工甘味料を含むカロリーが低い甘味物質のことです。

えーっ！
まるで，全否定じゃないですか！　どうしてそんな発表をするにいたったんでしょう。

大きく二つの理由があります。
まず一つ目は**非糖質系甘味料と体重との関係**です。
たとえば3カ月以内という短期の実験では，非糖質系甘味料の摂取によって体重やBMIを減らす効果が報告されています。
しかし6か月から18か月におよぶ長期の実験では，体重を減らす効果が示されることはなかったのです。むしろ，BMIは上昇し，肥満度は増していました。
つまり，非糖質系甘味料を利用しても，長期的な減量の効果はなかったのです。

ショックです。

もう一つは，**病気のリスクとの関係**です。**分析の結果，長期にわたって非糖質系甘味料を利用した場合，脳梗塞などの脳血管障害や2型糖尿病の発症リスクが2割から3割，高まる可能性が示されたのです。**

非糖質系甘味料の利用は，生活習慣病の予防どころか，かえってリスクを高めてしまうかもしれないんですね。
でも，体に吸収されずに出ていってしまうのに，どうして悪影響があるんでしょうか？

人工甘味料によって病気のリスクが上昇するメカニズムは，はっきりとはわかっていません。しかし人工甘味料は消化されずに腸までたどり着き，**腸内細菌**に何らかの影響をあたえるといわれています。
それをきっかけに生じた体の反応が，正常な血糖コントロールができなくなる耐糖能異常や動脈硬化，血管の異常などの症状となってあらわれると考えられています。

吸収されなくても，腸内細菌に影響が出てしまうんですね。

腸内細菌の種類や割合は人によってさまざまです。そのため人によって生じる反応もことなり，心血管疾患がおきる人もいれば，糖尿病がおきる人もいるのかもしれません。

症状は人によるんですね。

また，食べて甘いと感じる人工甘味料は，舌などにある「甘さ」のセンサーを刺激しています。
本来，その刺激によって消化器官などでは糖分を吸収する準備が行われるのですが，この刺激による一連の反応が糖の取りこみに影響をあたえ，糖尿病などのリスクを上昇させているとする説もあります。
ほかにもいくつか仮説が存在し，複数の要因が重なっている可能性が考えられています。

まだしくみに関してはわからないことが多いんですね。

はい。非糖質系甘味料に対する研究は近年，増加しており，今後の研究によってメカニズムが明らかになることが期待されています。
WHOは，今後の研究結果を受けて，ガイドラインが変更される可能性もあるとしています。

体に悪影響の出ない，新しい人工甘味料の開発は，行われていないんですか？

WHOは，人工甘味料以外の砂糖の代替品をさがすのではなく，自然な糖分を含む果物や，甘味のない食品・飲料などを食事に取り入れるようにすすめています。
低カロリーだからと安易に人工甘味料にたよるのではなく，適切な栄養とエネルギーの摂取を心がけることが，減量や体重維持には大切です。

なるほど。ラクな方法を選ぶのではなく，本来の糖分でバランスのある食生活を着実にしていくことが重要なんですね！

食事制限は健康にどれぐらい影響するのか

食事制限については，健康によいのか，悪いのか，古くから研究が行われています。

よく「腹八分目」っていいますよね。お腹いっぱい食べるんじゃなくて，八割ぐらいが一番健康にいいって聞いたことがあるので，やっぱり健康になったり，長寿になったりするんでしょうか。

実際に食事制限によって老化を遅らせ，健康寿命をのばすことができるという研究は，動物実験においてさまざまな種で報告されています。
2009年に発表された，ウィスコンシン大学の老年のアカゲザルを対象とした研究では，自由に餌を食べていたグループでは観察期間内に**50％の生存率**だったのに対して，カロリー制限をしていたグループでは**80％の生存率**であることがわかりました。
この研究成果では，必要な栄養素を摂取したうえでの食事制限は効果があることが示されています。

やっぱり効果はあるんですね！

一方，食事制限と寿命には特にかかわりはないのではないかとする研究成果もあるんです。

ふぅむ。

2012年に発表されたアメリカ国立老化医学研究所実験老年学研究室のジュリー・A・マティソンらが発表した研究によると，食事制限は健康増進には役立つが，生存率の延長とはかかわりがないことが示されました。
またアカゲザルの平均寿命は27歳ぐらいですが，16歳以降の老年期から食事制限をしても，寿命延長にはほとんど差が出ないということもわかったのです。

う～む。
結局，二つの研究からどういう結論が出されたんでしょう？

2017年にウィスコンシン大学と国立老化医学研究所が共同で発表した論文で，両施設が発表した研究成果のちがいをあらためて検証しています。
この検証の結果，双方の研究手法はさまざまなちがいがあり，研究対象とするアカゲザルの年齢の分類の仕方もことなる部分が多く，単純にちがいを比較できないことがわかりました。

研究自体のやり方がおたがいにちがっていたわけですね。

しかし，この二つの研究成果で共通して得られた重要な研究成果があります。
それは，食事制限をすることにより，加齢によって引きおこされるがんや糖尿病，動脈硬化といった疾患の発生が遅くなるということです。

病気の発生が遅くなるなんてすごいですね。

そうですね。ただしヒトでは，食事制限に健康増進効果があるのかは，まだよくわかっていません。
一方で，極端な食事制限は，栄養不足を引きおこし危険ですので，たとえ減量中でもさけなければなりません。

基礎代謝量を減らさない野菜とは？

そういえば，減量には野菜中心の食事がいいって聞いたことがあるんですけど，減量のときにおすすめの野菜ってありますか？

そうですね。野菜は低カロリーで，食物繊維が多く含まれていますから，減量をするときは，普段より割合を増やすとよいかもしれませんね。
また，特にほうれん草や水菜，レタスといった緑の葉物野菜には，**無機硝酸塩**というミネラルが含まれています。
最近，この無機硝酸塩が筋肉量の維持に役立つこともわかってきました。

緑色の葉物が筋肉にいいんですか？　ちょっと意外です。その無機硝酸塩ってどんな物質なんですか？

無機硝酸塩は，窒素を含む化合物の一種です。植物は生きるために必要とする窒素を，無機硝酸塩やアンモニウム塩の形で根から吸収します。その窒素を使って，アミノ酸とタンパク質を生みだします。

アミノ酸などをつくるときに必要なんですね。

そうです。
ただし，吸収した無機硝酸塩の量が多すぎたり，日光が植物に十分に当たらなかったりすると，植物の中に無機硝酸塩がとどまります。これを私たちが口にするのです。

無機硝酸塩は，野菜からしかとれないんですか？

私たちが摂取する無機硝酸塩は，約80％が野菜から，残りは果物や肉製品からのものだとされています。
中でも，葉物野菜には無機硝酸塩が比較的高い割合で含まれています。
そして近年，この無機硝酸塩が健康維持に役立つ可能性が注目されるようになったのです。

具体的には，どのように役立つんでしょうか？

いくつかの研究成果をご紹介しますね。
400～700ミリグラムの無機硝酸塩をサプリメントとして摂取する実験によると，細胞中にあるミトコンドリアを活性化し，筋肉への血液流入が改善して**短期的に身体能力が向上**するという報告※1があります。
また，通常の食事で摂取する量の無機硝酸塩をあたえた動物実験では，**速筋（収縮力が速い筋肉）の収縮力を向上**させたという研究成果※2も出ています。

筋肉にいい影響があったんですね。

※1：Jones, Sports Med. 2014 May;44 Suppl 1(Suppl 1):S35-45.doi: 10.1007/s40279-014-0149-y. .
※2：Hernández, et al. J Physiol. 2012 Aug 1;590(15):3575-83.doi: 10.1113/jphysiol.2012.232777.

さらにオーストラリア，エディスコーワン大学のシム博士らの研究チーム[※3]が行った調査もあります。
メルボルンの心臓糖尿病研究所にある，12年間にわたる3759人のデータから，無機硝酸塩摂取量が多いグループと少ないグループで，運動機能を比較したのです。

どのような結果が出たんですか？

無機硝酸塩摂取量が最も多いグループ（中央値は1日に91ミリグラム）は，摂取量が最も少ないグループ（中央値は1日47ミリグラム）に対して，**膝関節の伸展筋の強さが11％強かった**ことがわかりました。
また，イスから立ち上がって，2.5メートル先の印をまわってもどるという動作のテストでも最大で**4％歩行速度が速い**という結果が出たのです。

へえ～，いい結果が出ていますね。

こうした研究結果から，無機硝酸塩は加齢による筋肉量の低下や，それにともなう基礎代謝の減少をおさえることができると考えられます。
このため，葉物野菜を積極的にとることで，太りやすい体を改善できるかもしれません。

あまり野菜は好きじゃないけど，意識して食べるようにしようっと。

※3：Sim, et al. J Cachexia Sarcopenia Muscle. 2019 Jun;10(3):601-610.doi: 10.1002/jcsm.12413.

ポイント！

ほうれん草や水菜，レタスといった緑の葉物野菜には「無機硝酸塩」というミネラルが含まれている。無機硝酸塩には加齢による筋肉量の低下や基礎代謝の減少をおさえることができる可能性がある。

「咀嚼」で太りすぎをおさえられる理由

1時間目で「よくかんで，ゆっくり食事をすれば無理なく食事を制限できる」とお話ししました。
よくかむことで，満腹中枢が刺激されて，食べすぎを防ぐことができるのでしたね。
さらに近年では，咀嚼には別の役割があることも明らかになりつつあります。

別の役割？

はい，それはインスリンの分泌量を上げるはたらきです。
肥満になるとインスリンがはたらきづらくなり，糖尿病をはじめ，体にさまざまな悪影響をおよぼします。

咀嚼を増やすだけで，インスリンの分泌量が上がるんですか？

ええ。
咀嚼を意識した食事によって，インスリンの分泌量がどのように変わるのかを調べた研究があります。
健康な成人男性が，白米200グラムを1口あたり10回咀嚼する場合と，同じように白米200グラムを1口あたり40回咀嚼する実験です。

咀嚼回数に30回差をつけたわけですね。
どういう結果が出たんでしょうか？

特に朝40回の咀嚼を行うと，食後2時間までの血糖値がすみやかに低下し，総血糖量についてもほかの条件とくらべても，低い値がみられました。
さらに食後のインスリン分泌量をみてみると，朝の咀嚼回数40回の条件では，**約1.7倍**のインスリンが分泌されていることがわかりました。
咀嚼の回数を増やすことで，インスリンの分泌量がすみやかに上がるため，高い血糖状態がつづかず，太りすぎなどがおさえられる可能性があることが示されたんです。

朝に40回かんだら，インスリンの分泌量が1.7倍に!?
かむことの効果ってそんなに大きいんだ。

ただし，今回の研究協力者はすべて健康な人を対象としています。インスリン抵抗性のある2型糖尿病の人については，咀嚼がインスリン分泌量を上げるかどうかは，まだはっきりしていません。
とはいえ，咀嚼には，特に食後の糖代謝の機能を改善する効果が期待できるようです。

咀嚼回数を増やすことで，太りすぎの予防ができるんですね！
今度からたくさんかむことを意識するようにします！

参考文献：Sato, et al. Tohoku J Exp Med. 2019 Nov;249(3):193-201.doi: 10.1620/tjem.249.193.

味覚と肥満の関係性

突然ですが，味覚が発達している人と鈍い人では，どちらが太りやすいと思いますか？

う～ん，おいしいと感じる力が強いほうが，おいしいものをあれもこれもと食べてしまいそうな気がするので，味覚が発達している人の方が太りやすいと思います！

残念！　実は味覚が鈍い人のほうが，食べすぎや甘いものをより多く求めている可能性があるのです。

えっ！
意外です……。

ある研究※により，食べ物の**うま味**を感じる味覚感度が低いと，肥満になる人が多いことがわかっています。
さらに現在，肥満状態にない人でも，将来的に食事の摂取エネルギーが増え，肥満になる可能性まであることが示されました。

味覚が鈍いと，今太ってない人まで将来太る可能性があるんですか。

はい。その研究は，日本人を対象にして行われました。男性は14人，女性は33人で平均年齢は37.4歳です。

※：Mizuta, et al. Hypertens Res. 2021 May;44(5):595-597.doi: 10.1038/s41440-020-00588-9.

研究の協力者には，糖尿病を罹患している人や，味覚に影響をあたえるという薬を飲んでいる人は含まれていません。そして味覚の感覚を詳細に調べるため，調査は2回行いました。

ふむふむ。

実験では，うま味成分であるグルタミン酸ナトリウムを溶かした液体を協力者の口に含んでもらい，味を感じとれるかどうかという方法で味覚の感覚を調べています。
また甘味や塩味についても調査しており，こちらは甘味や塩味を感じられる専用の試薬によって，分析を行いました。そして，味覚検査の結果をもとに，協力者を低感度グループ（22人）と対照グループ（25人）に分け，年齢と性別を調整して，肥満度などを比較しました。

その結果，どうなったんでしょうか？

肥満者，高尿酸血症の罹患者，および甘いものが好きな人の割合は，いずれもうま味の低感度グループで高いことがわかったのです。
一方で，5つの基本味である甘味，塩味，酸味，苦み，うま味のうち**甘味**や**塩味**については，二つのグループの間に有意な差はみられませんでした。特に塩味が好きだという人や，喫煙，飲酒習慣についても，二つのグループ間で有意な差はみられませんでした。

なるほど。

さらに，初回調査から9〜12カ月後に2回目の調査を行いました。今度は摂取エネルギーの量を二つのグループで比較することも行いました。
すると，うま味の感度が低いグループでは，初回の調査から2回目の調査の間に摂取エネルギーが増えていた割合は**68.2％**にものぼりました。一方，うま味の感度が高い対照グループでは，摂取エネルギーが増えていたのは**36％**でした。

うま味を感じない人のほうが，摂取するエネルギー量が増加していたんですね。

はい。
これらの結果から，うま味に対する感度が低い人は，肥満や，甘いものが好きなことと関連しており，さらに摂取エネルギーが増加していきやすいこともわかりました。

うま味を感じないことが，どうしてそのような結果につながったんでしょうか？

うま味に対する感度が低い人は，その代償として甘味を生かした食品で食の満足感を得ている人が多いのではないかと考えられています。
このため，**ショ糖（砂糖）**を多く含む高カロリーの食品やお菓子などをたくさん摂取することになり，それが原因で肥満になるのではないかと研究では推測しています。

うま味が感じづらい人は，甘いものをたくさん食べる傾向があるってことですね。

はい。
うま味への感度が低い人は，うま味よりも甘味への満足度が高くなり，甘いものを求めてしまうのかもしれません。

そうなんだ……。

今後，肥満やメタボリックシンドロームの対策として，うま味を生かした低カロリーの食品が開発されていくかもしれませんね。

同居人の食生活は影響する

4時間目STEP1の最後に，同居人の影響について，お話ししましょう。実はいっしょに住んでいる人の食事や運動などのライフスタイルが影響することで，太りやすくなったり，肥満が悪化したりして生活習慣病になることもあるんです。

えっ？ そうなんですか？

筑波大学医学医療系の田宮菜奈子博士らの研究チームは，2016年国民生活基礎調査の匿名データ（40歳以上，8万6941組）から，夫が生活習慣病（高血圧，糖尿病，脂質異常症）で治療を受けていることと，妻が同じ病気で治療を受けていることとの関連性を分析しました。
比較対象は，夫が高血圧症，糖尿病，脂質異常症で治療を受けていない妻です。

ふむふむ。結果はどうだったんですか？

夫が高血圧症の治療を受けている妻は，そうでない妻とくらべ，**約1.8倍**治療を受ける可能性が高くなりました。同じように夫が糖尿病の場合は**約1.5倍**，脂質異常症の場合は**約2.6倍**になりました。

えっ！ 夫婦間では遺伝的なつながりはないのに，高い確率で妻も生活習慣病になってしまったんですね。

はい。この結果から，夫婦が同居して同じ時間に同じ量の食事を摂取するだけでなく，飲酒や喫煙，運動などの夫のライフスタイルが妻に影響することが関連していると考えられます。生活が似通ってしまうことで，生活習慣病にかかりやすくなってしまう，ということですね。

確かに一緒に生活していたら同じ食生活になりがちですし，影響は出そうですね……。

夫の治療の有無と，妻が治療を受けている割合

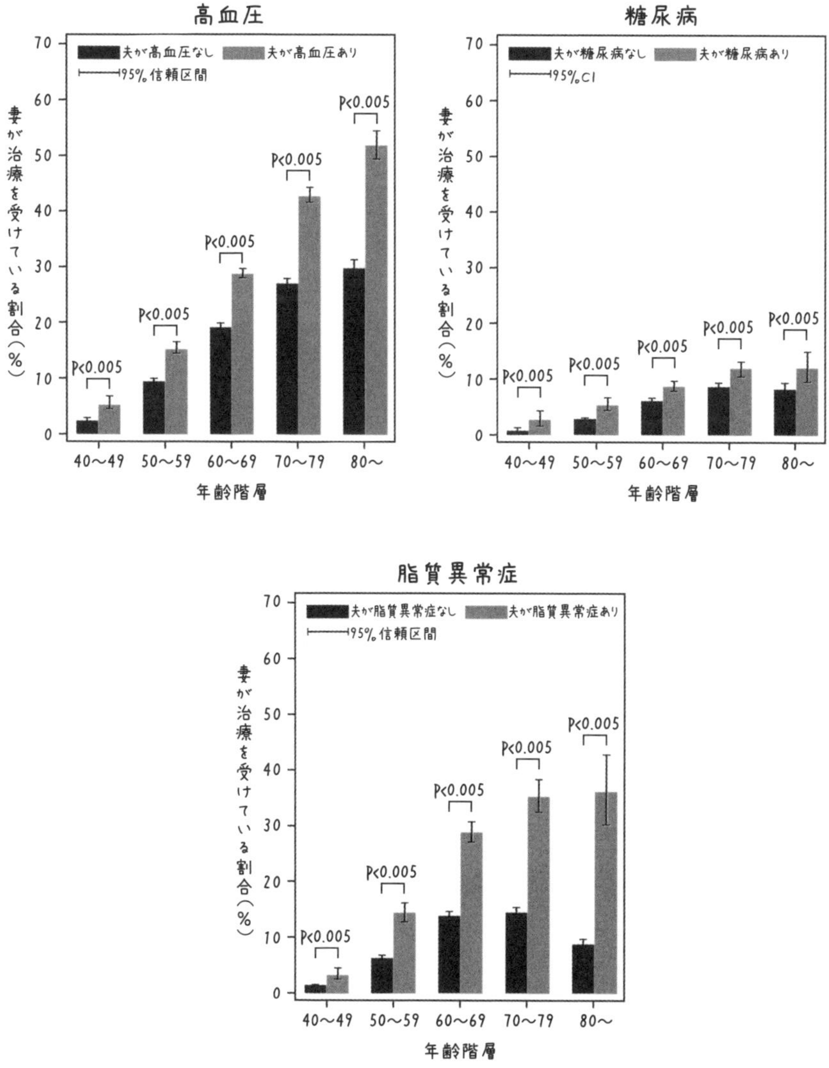

出典：Watanabe, et al. BMJ open. 2020 Jul 28;10(7):e036281.doi:
10.1136/bmjopen-2019-036281..

太りやすくなる生活をあらためるためには，本人の生活習慣だけでなく，パートナーの生活習慣にも気を配る必要がありそうです。

STEP 2

運動の効果を知って効率よくやせよう

食事に次いで重要なのは，運動です。運動によって，消費カロリーが摂取カロリーを上回れば減量していきます。最新の研究の結果を紹介しながら，無理なく運動を行う方法をみていきましょう。

家事だってカロリーを消費している！

減量のために運動もしなくちゃいけませんよね……。毎晩，明日こそは朝ジョギングをしよう！　と思ってベッドに入るんですけど，いざ朝おきるとやる気がおきずに二度寝してしまうんですよね。
減量のために運動するには，どうすればよいでしょうか？

大切なのは，やみくもに有酸素運動やジョギングをすぐはじめよう！　と慌てることではありません。まず，やせるためには，自分の体が1日のうちにどのくらいの活動を行って，エネルギーを消費しているのかを知る必要があります。

確かに，それがわからないと，具体的な運動をはじめることができませんね。普段私たちは運動でどれくらいのエネルギーを消費しているんでしょうか？

1日に消費するエネルギー量は，筋肉（骨格筋）や臓器などが生みだす**基礎代謝量が約60%**，食事をすることによって生まれる**エネルギー代謝（食事誘発性熱産生）が約10％**，ウォーキングや家事などの**身体活動量が約30％**といわれています。

身体活動によるエネルギー消費は，がんばりによって増やすことができるんですね。

はい。総エネルギー消費量は，身体活動によるエネルギーの消費に大きく左右されます。

また，身体活動が増えれば，筋肉も鍛えられ，基礎代謝量が上がり，これもエネルギー消費が増える可能性につながります。

つまり，この身体活動量をいかに増やしていくかが，やせるポイントとなるのです。

ということはやっぱり，ジョギングをするしかありませんね。

確かに，ジョギングなどの有酸素運動は効果的でしょう。でも，減量に効果のある身体活動は，運動だけではないんですよ。

運動以外にもあるんですか？

ええ。**掃除や洗濯，料理など日常生活での身体活動です。**ダイエットではウォーキングやジョギングなどの運動をしなければやせられないと考えている人は少なくありません。しかし，近年では家事などの日常生活活動（非運動性身体活動によるエネルギー消費のこと）が多い人が，肥満になりにくいという研究に注目が集まっているのです。

おぉ！

肥満の人は，肥満でない人とくらべて，歩行などを含めた立位の活動が平均で1日約150分少なかったとする研究※もあります。
つまり，座っている時間をなるべく短くして，立ち仕事や家事などに費やすだけでも太りにくくなるということがいえます。

※：Levine, et al. Science. 2005 Jan 28;307(5709):584-6.doi: 10.1126/science.1106561.

家事をがんばるだけでも，エネルギーを消費することになるわけですね！
なんだか一石二鳥ですね。
よぉーし，今日は帰ったら，部屋の掃除をします！

リバウンドを防ぐには座っている時間を減らそう

コロナ禍以降，会社がリモートワークになって，そのころからお腹がみるみる出ちゃったんです。

新型コロナウイルスの感染が拡大したことによって，日常的な身体活動量が大きく減った人は多いでしょう。

通勤時間が減っただけでなく，リモートワークが普及することで，座っている時間が多くなりましたから。

はい，私もずっと仕事中は家に引きこもって机の前に座りっぱなしです。

それはあまりよくありませんね。
実際，座っている時間が多くなれば多くなるほど，太るだけでなく，**2型糖尿病**や**動脈硬化**などの心血管疾患にかかりやすくなるという研究※1は，少なくないのです。
私たちは，平均すると1日の約60％を座っている時間にあてているといわれており，その座っている時間を減らすことが体重維持にも役立つのです。

やっぱり座りっぱなしは健康によくないのですね。

そうなんです。
アメリカのローク博士らの研究※2では，やせた体重を維持するのにも，座っている時間の増減がかかわっているとされています。

※1：Same, et al.Curr Cardiol Rep. 2016 Jan;18(1):6.doi: 10.1007/s11886-015-0678-5.

※2：Roake, et al. Obesity (Silver Spring). 2021 Jun;29(6):1067-1073.doi: 10.1002/oby.23148.

博士らは，民間の体重管理支援サービスを利用して，約9.1キログラム以上の減量に成功し，その後，1年以上体重維持に成功している4953人を体重維持グループとしました。
一方で，BMI 30以上の肥満で過去5年間の体重変化が約2.3キログラムの人を650人募集し，肥満グループとしました。そして，体重維持グループと，肥満グループとで，1日の座っている時間を比較したのです。

どういう結果が出たのでしょうか？

なんと，体重維持グループでは，座っている時間が肥満グループよりも1日平均で約3時間短いことがわかりました。

3時間も!?

そうなんです。
体重維持グループの立っている間の消費カロリーは**1週間で1835キロカロリー**で，これは**肥満グループの倍**以上にあたる量です。
体重維持には，まずは立っている時間を増やすことが有効なようです。

短時間の運動からはじめよう！

健康的にやせるために,運動をやらなきゃとは思っているんですけど,なかなか時間がとれなくて……。
運動するのってハードル高いですよね。

そういう人は,1回10分以内の軽い運動から始めてみてはいかがでしょうか。実は1回10分以内の運動でも，健康的にやせる効果は確実にあるのです。

え？ 10分以内で効果があるんですか？

はい。たとえばボストン大学医学部予防医学のニコル・グレーザー博士らは，1回10分以内の身体活動でも，体重を減らすことができるだけでなく，血液中の中性脂肪濃度や心血管疾患のリスクを低下させられるという結論を出しています。

おぉ！　病気の予防にもなるんですね。
でも，10分以内で効果があったということは，めちゃくちゃハードな運動だったんじゃないですか？

いえ，ここでいう身体活動には，早歩き程度の**ウォーキング**も含まれていました。
もちろん激しい運動ならさらに効果は高まるでしょうが，長くつづけるのはむずかしいはずです。

仕事の合間の休憩時間に早歩きをするなど，現在のライフスタイルにあった運動を少しずつ取り入れていくほうが，つづけやすいんですよ。

なるほど。軽い運動でもいいんですね。

ええ。
1回10分以内の早歩きになれてきたら，心肺機能の向上や生活習慣病予防のために，少しずつ運動の時間や強度を高めてみるとよいでしょう。

ただし，実際に運動をする日は，**体のコンディション**を見きわめることも必要です。体調がよくないときに，無理をしてはいけません。普段，まったく運動をしていない場合には，とくに注意しましょう。

え，私は普段まったく運動していないんですけど，どうすればいいんですか？

たとえばウォーキングやジョギングの場合，苦しくなったらスピードを落とすか，完全に止まってください。その後，苦しくなくなったら再びスピードを上げます。これを繰り返せばよいのです。
総消費エネルギーは，スピードというよりは距離で決まりますから，ゆっくりでもいいですし，朝・昼・夜のように分割してしまってもいいのです。

よぉーし，まずは軽いウォーキングからはじめてみます！

筋肉を鍛えるメリット

毎日ウォーキングなどの運動をすれば，健康的にやせられるってことですね！

そうですね。
ただ近年では，健康的にやせるためには，持久的運動だけでなく，**レジスタンス運動**（筋肉の収縮に抵抗をかける運動）を行うこともすすめられています。

レジスタンス運動とは，いわゆる**筋トレ**（筋力トレーニング）のことです。
前にもお話ししたように，基礎代謝量の中で筋肉（骨格筋）が消費するエネルギーの割合はかなり大きいです。
とくに，食事制限などをすると筋肉量は減りやすいので，レジスタンス運動をして，筋肉量や基礎代謝量の減少をおさえることが必要なのです。

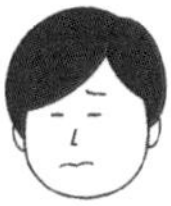

やっぱり筋トレも必要か〜。

はい。
だれでも年をとると，筋肉量は少しずつ減っていきます。筋肉は，体を動かすために必要であるだけでなく，全身のさまざまな臓器や組織と連携して，健康をたもつはたらきもしていますから，レジスタンス運動による筋肉づくりは将来のためにも重要なんです。
たとえば，筋肉量を増やすことは，**肥満**や**運動不足**をきっかけにおこりやすい**2型糖尿病**の改善につながると考えられています。

なぜ筋肉量を増やすと，糖尿病が改善されるんでしょうか？

筋肉は血液中のグルコースをグリコーゲンに変えてためこむことができるので，筋肉がたくさんあれば，グルコースの取りこみ量が増えます。
さらに，筋肉を使ってあげると，インスリンの分泌とは無関係に，筋肉がグルコースを取りこみやすくなります。

このように，筋肉がより多くのグルコースを取りこめるようになると，血糖値が安定するのです。

よーし，これは筋トレするしかないですね！

ただし，レジスタンス運動を行う際は，いくつか注意しなくてはいけない点があります。
まず，筋肉や関節に強い負荷がかかりますから，無理をすれば**けが**につながることがあります。
また，運動中は血圧が上がるため，**高血圧**，**動脈硬化**，**心臓病**などの症状がある人は特に注意が必要です。

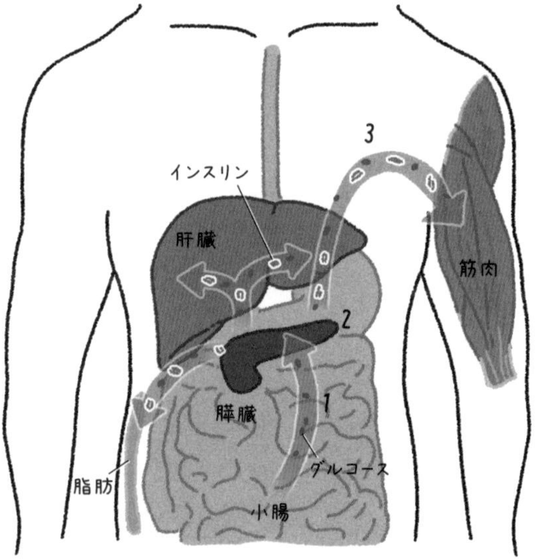

1. 小腸でグルコースが吸収される。2. 膵臓からインスリンが分泌される。
3. インスリンが全身に届けられ，筋肉などにグルコースがたくわえられる。
注：膵臓は，わかりやすいように，手前にえがいています。

負荷の小さな，軽いダンベルを使えばいいんじゃないですか？

いえいえ，負荷が小さいと，筋肉量は増えにくいのです。たとえば，負荷の大きさは，1回だけやっと持ち上げられるバーベルやダンベルの重さ（1RM＝ワン・レペティション・マキシマム）に対する割合で示すことが多いのですが，筋肉量を効率よく増やすためには，**1RMの65%以上**の負荷をかけた方がよいといわれています。

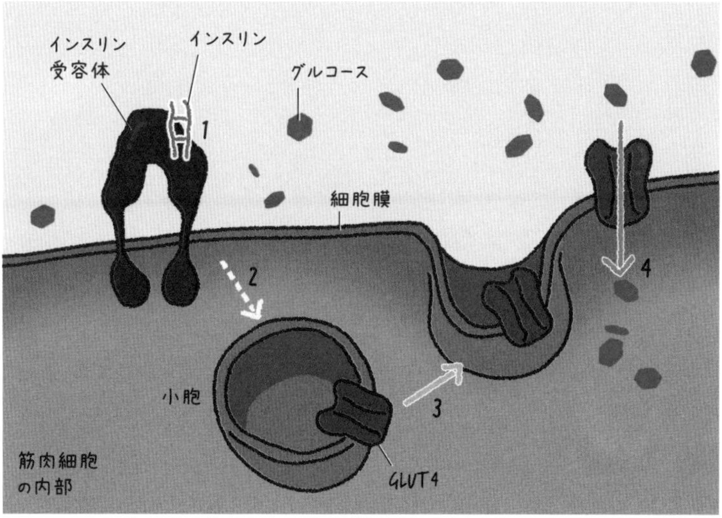

1. 筋肉の細胞がもつ受容体が，インスリンを受け取る。2. インスリンが届いたという情報が，GLUT4をもつ小胞に伝わる。3. 小胞が筋肉細胞の細胞膜と融合。4. GLUT4を通じて，グルコースが筋肉細胞に取りこまれる。

うーん，でも私，筋トレしたことがないので，いきなり重いバーベルやダンベルを使うのはちょっと不安だなぁ。

そのような場合は，1時間目でも少し紹介した，**スロートレーニング（スロトレ）**を行うとよいでしょう。スロトレは，負荷が小さくても筋肉量を増やせるので，初心者だけでなく，高齢者や持病がある人にとってもオススメの方法です。

確か，普通の筋トレよりもゆっくり，時間をかけて動くのがポイントでしたよね。

そうです。
ゆっくり動くことで，筋肉内の血流が制限された状態で運動をすることになり，時間も長めなので，負荷が小さくても筋肉疲労が強くおこります。この強い筋肉疲労が，筋肉量の増加につながっていると考えられています。
1時間目にも紹介しましたが，イスから3秒かけてゆっくり立ち上がり，3秒かけてゆっくり座るという動作をくりかえすだけでも，筋肉が太く，強くなるんです。

ふむふむ。

慣れてきたら，イスを使わずにゆっくりスクワットをするのもよいでしょう。
1セットを10回程度として，**1日に2～3セット**行うと，確実な効果が期待できます。

これなら，寝る前に簡単にできそうです。
どれくらいの頻度で行うのがよいでしょうか？

1日に何種目・何セット行うかにもよりますが，初心者のうちは1日あたりのセット数を増やすよりも，**頻度を高める**方が，筋力の伸びが大きくなりやすいようです。
セット数を1セットにすれば，精神的に楽ですし，つづけて2～3種目行っても，5分程度で終わります。このくらいなら，**週4～6回**の高頻度でもつづけやすいのではないでしょうか。

なるほど。早速今日から筋トレをはじめてみます！

イスを使ったスクワット

1セット10回程度として，1回のトレーニングで2～3セット行うと大きな効果が期待できます。

1

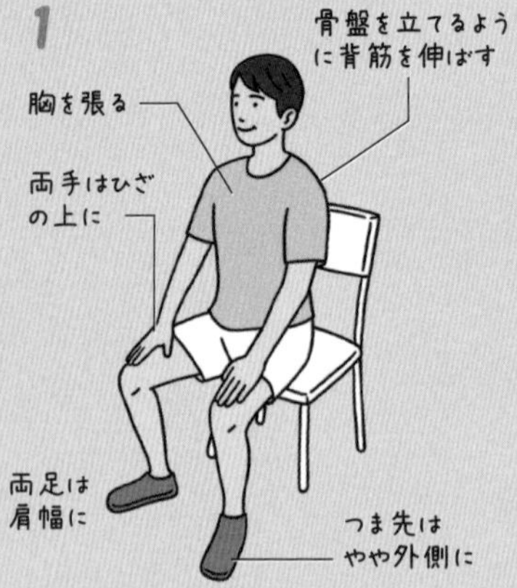

イスに浅く腰かける。

2

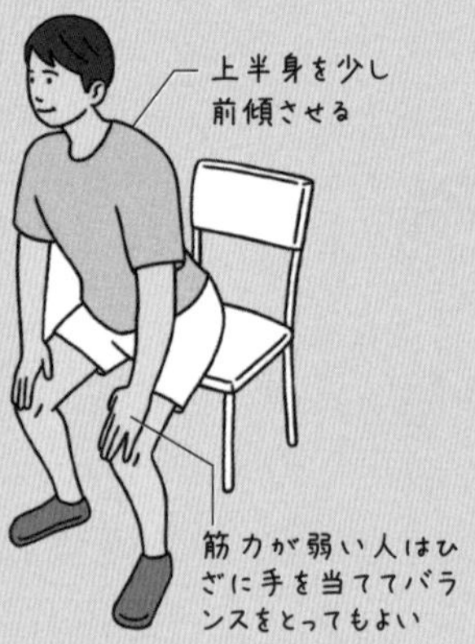

息を吐きながらゆっくりと立ち上がる。

3

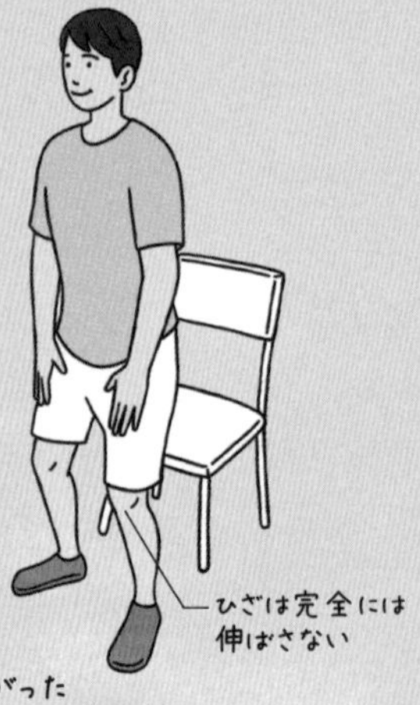

立ち上がったところで止まる。

4

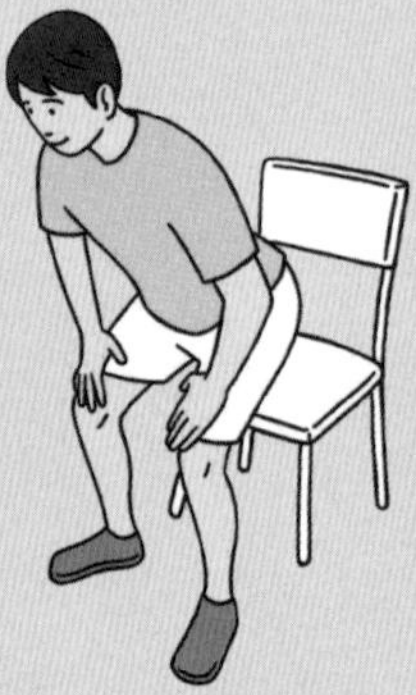

息を吸いながらゆっくりとイスに座る。

イスを使わないスクワット

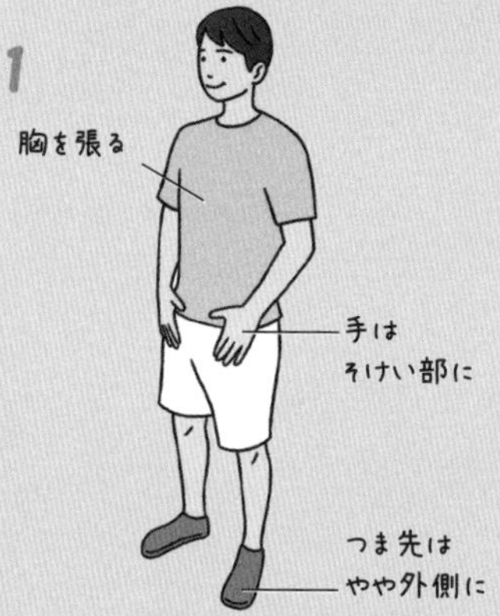

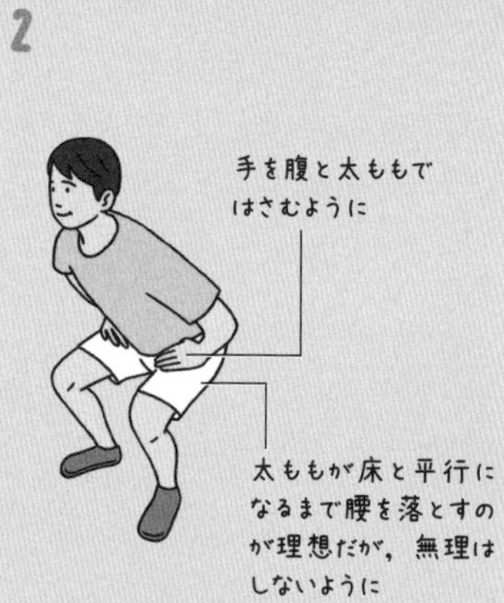

1. 足は肩幅に広げ，つま先をやや外側に向けて立つ。
2. 前傾姿勢で息を吸いながら，ゆっくり腰を落とす。
3. 息を吐きながらゆっくり立ち上がる。

スロトレのコツ

- 立つときだけでなく，しゃがむときもゆっくりと。
- 負荷が小さくなる（例：スクワットでひざが伸びきる）前に動作を切り返し，できるだけ力が抜けた時間をつくらないようにする。

2種類のストレッチを使い分けよう

3時間目に，ダイエットを長つづきさせるには，小さい目標を設定することが大事というお話しをしましたが，これは運動でも同じです。
普段まったく運動しない人や，太っている人は，ストレッチを習慣化することからはじめてみるとよいかもしれません。

ストレッチかぁ。
どんなことをすればいいんでしょうか？

ストレッチには大きく分けて**動的ストレッチ**と**静的ストレッチ**があります。
この二つをうまく使い分けることが重要です。

動的？　静的？

まず，動的ストレッチとは，体幹や四肢を大きくリズミカルに動かすものです。ラジオ体操やサッカー選手がよくやっているブラジル体操は，動的ストレッチの一種といえます。
これによって，消費エネルギーを増やすことができます。
また，心拍数，血圧，体温，交感神経の活動を適度に上昇させるので，運動前に行えば，よい**ウォームアップ**にもなります。

ふむふむ。

一方，静的ストレッチは，特定の筋肉をゆっくり，じわじわと伸ばすもので，筋肉をやわらかくする効果はもちろんのこと，四肢の血管の柔軟性を改善する効果もあります。心身がリラックスしやすいので，運動後のクールダウンにも適しています。
静的ストレッチの注意点としては，「勢いや反動をつけない」「痛みを感じるほどは伸ばさない」「一つの姿勢を30秒ほど維持する」「呼吸を止めない」といったことがあげられます。

動的ストレッチは**運動の前**に，静的ストレッチは**運動のあと**に行えばいいんですね。

動的ストレッチ

関節をくりかえしリズミカルに動かし，対象の筋肉を伸縮させるストレッチ法。

効果：心拍数，血流，体温を上げながら四肢の可動域を広げることができる。

行うタイミング：運動の前

静的ストレッチ

対象の筋肉をゆっくり伸ばすストレッチ法。

効果：筋線維や結合組織をやわらかくすることができる。

行うタイミング：運動のあと

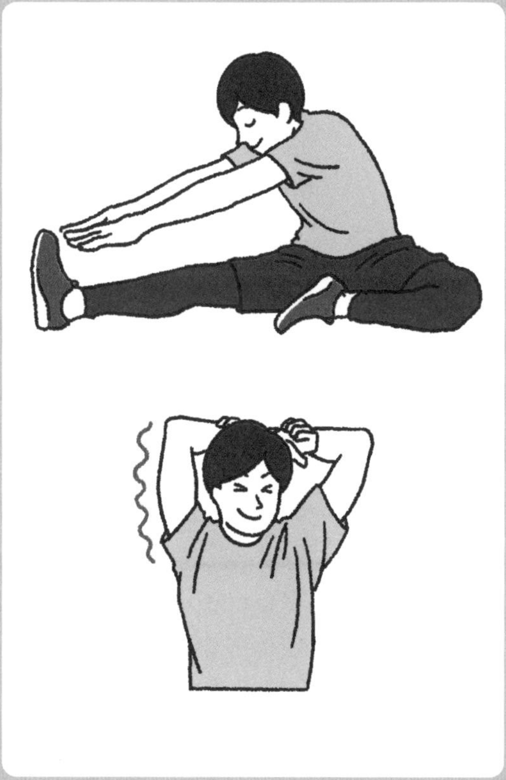

注意：

- 勢いや反動をつけずに行う。
- 痛みを感じる寸前まで筋肉を伸ばしたら30秒ほどその姿勢を維持する。

運動と組み合わせる場合は，その通りですね。

やせていることが美しいという価値観が見直されている

今まで説明していただいたことを参考に，私もスリムな体を目指そうっと！　やせれば見栄えもよくなるでしょうしね。

うーん。ちょっと待ってください。
確かに，適正体重を保つことは，健康づくりにおいて大切なことです。しかし，世間は「やせているほど美しい」という価値観にとらわれているきらいがあります。

外見で人を差別することはよくないですけど，やせてきれいになろうというのは，減量をつづける動機にもなりますし，問題ない気がしますけど……。

やせているほうが美しいと考えるあまり，やせる必要がない人が厳しい食事制限をして，健康を損なっているケースもあるのです。

やせすぎも不健康ってことですか？

はい，やせすぎは健康によくありません。
やせすぎが原因となる健康障害として，**貧血**，**無月経**，**低血圧**，**不整脈**，**骨粗しょう症**，**糖尿病**などが挙げられます。
また，やせたいという願望が強くなりすぎると**摂食障害**（拒食症や過食症）になるおそれもあります。

多くの病気のリスクを高めることになるんですね。

厚生労働省の調査では，20歳代女性の**約5人に1人**は**BMIが18.5未満**であり，「やせ（低体重）」に分類されることがわかっています。
この割合は10年以上ほぼ変わっておらず，改善のきざしがありません。

5人に1人も「やせ」なんですか……。

はい。
この問題の背景にあるのは，「体が細いほど美しい」という社会の価値観だと考えられます。
近年，この価値観を見直そうという動きがさかんです。
たとえばフランスでは，やせすぎのファッションモデルの活動を禁止する法案が2015年に可決され，2017年に施行されました。

そうだったんですか!?

この法案は，やせすぎのモデルを雇用した業者に対し，**最大7万5000ユーロ（約1000万円）の罰金**や**最大6か月の禁固刑**を科すという内容でした。
以降，モデルは自身の体重やBMIが健全な範囲内におさまっていることを，診断書などによって証明しなければならなくなりました。

罰金1000万円とか禁固刑とか，かなり厳しい内容ですね。

実はファッションモデルのやせすぎ問題については，それ以前からヨーロッパを中心に規制が進んでいました。
そうした中，「ファッション大国」とよばれるフランスでこのような法律が施行されたことは，当時，大きな話題となったのです。
法案が可決された2015年当時のフランスでは，摂食障害者の数が**約4万人**にのぼるという推計がありました。
摂食障害のなりやすさは男女で大きくちがうことが知られていて，**約90%が女性**です。

そんなに……。

このような動きの中で，近年ではダイエットや減量のように「やせる」というイメージの強い言葉のかわりに，「理想の体形をつくる」というニュアンスで**ボディメイク**という言葉がよく使われるようになってきました。
このほかにも，ありのままの自分を受け入れるという意味の**ボディポジティブ**という言葉も登場するなど，「やせているほど美しい」という価値観から，少しずつですが変わってきているようです。

太っている体も，尊重されるべきってことですかね。

もちろん，外見を美しくしたいという思いは，減量をつづけていく上では大きなモチベーションになるでしょう。ですが，その思いが強くなると，行き過ぎたダイエットや減量となって，健康を害することにもなりかねません。減量は，少しずつこつこつと進めるべきでしょう。

太りすぎとやせすぎのどちらも，健康にはよくないわけですから，それを意識して，適正な体重を目指したいですね。

先生，ここまでのお話しで，減量にとてもくわしくなれました。

今日はどうもありがとうございました！

索引

た

な

は

ま

ら

主な内容

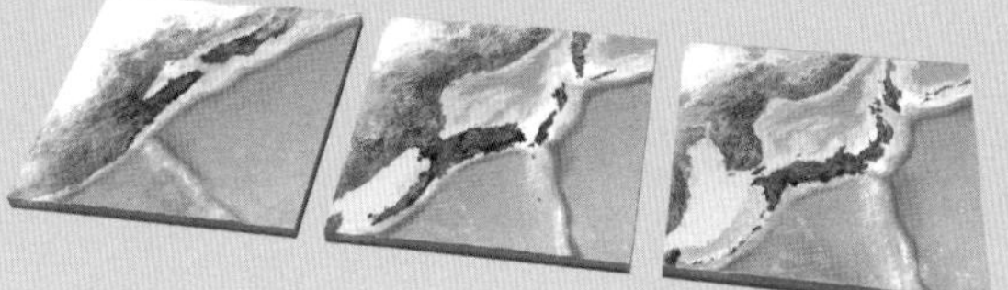

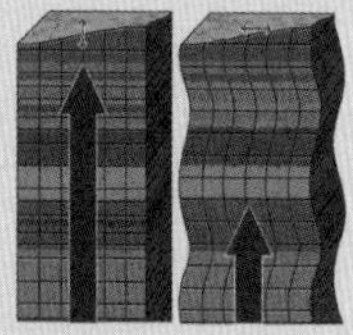

日本列島誕生

日本列島が生まれるまで
ダイナミックな地殻変動

火山大国ニッポン

日本の火山
火山のしくみ
火山と噴火

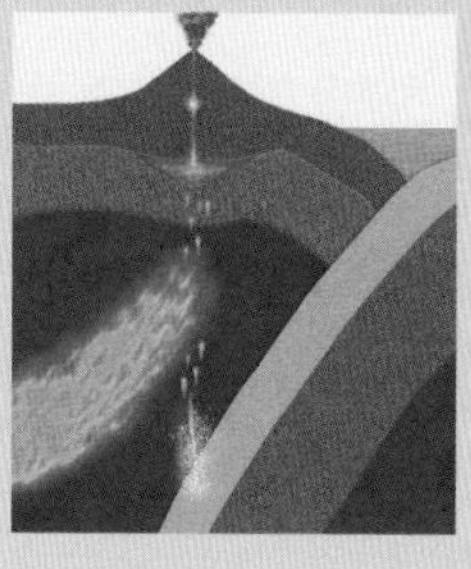

日本列島と巨大地震

地震の基礎知識
東北地方太平洋沖地震に学ぶ
巨大地震はいつ発生してもおかしくない

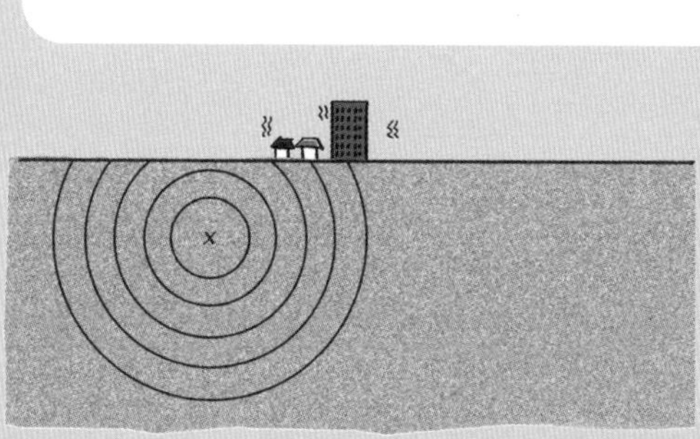

Staff

Editorial Management	中村真哉
Editorial Staff	井上達彦，山田百合子
Cover Design	田久保純子
Writer	小林直樹

Illustration

表紙カバー	松井久美
表紙	松井久美
生徒と先生	松井久美
4~5	松井久美
6	Newton Press, 松井久美
7~9	松井久美
10	羽田野乃花, 松井久美
11	羽田野乃花
13	松井久美
14	rudall30/stock.adobe.com, 松井久美
16	羽田野乃花
19	rudall30/stock.adobe.com
20~21	松井久美
23~24	Newton Press
25~29	羽田野乃花
34	Newton Press
38	松井久美
41~43	宮川愛理, Newton Press
46	Newton Press
50	羽田野乃花
52~54	Newton Press
56~66	松井久美
69	Newton Press
78	松井久美
82~91	Newton Press
92	ibreakstock/stock.adobe.com
99~101	羽田野乃花
102	松井久美
103	羽田野乃花
104	松井久美
105	羽田野乃花
107	Newton Press
110~111	羽田野乃花
113	松井久美
115	Newton Press
120	松井久美
122~124	羽田野乃花
126	松井久美
128~129	Newton Press
132~138	羽田野乃花
139	Newton Press
141	松井久美
142~143	羽田野乃花
145	松井久美
146	岡田悠梨乃
148~150	羽田野乃花
154	Newton Press
155	松井久美
156~157	羽田野乃花
158	松井久美
159~161	羽田野乃花
170	Newton Press
171	松井久美
172	Newton Press
175~177	羽田野乃花
182~183	木下真一郎
184~185	Newton Press
189	佐藤蘭名
190	松井久美
193~196	Newton Press
198	松井久美
200	佐藤蘭名
201	Newton Press
202~223	松井久美
225	羽田野乃花
226	岡田悠梨乃
229~234	松井久美
236~238	羽田野乃花
243~249	松井久美
250	羽田野乃花
258~263	松井久美
269	Newton Press
272~279	松井久美
282~283	羽田野乃花
284~287	松井久美
288	羽田野乃花
290~291	松井久美
295	羽田野乃花
302~303	羽田野乃花, 松井久美, Newton Press

監修（敬称略）：
佐々木一茂（東京大学大学院准教授）

やさしくわかる！
文系のための 東大の先生が教える
減量の科学

2024年1月5日発行

発行人　高森康雄
編集人　中村真哉
発行所　株式会社 ニュートンプレス　〒112-0012 東京都文京区大塚3-11-6
https://www.newtonpress.co.jp/
電話　03-5940-2451

ISBN978-4-315-52765-0